◇会赚钱：创造财富的智慧◇

创造财富的智慧
CHUANGZAO CAIFU DE ZHIHUI

会赚钱

李泰 ◎ 编著

民主与建设出版社
·北京·

© 民主与建设出版社，2023

图书在版编目（CIP）数据

会赚钱：创造财富的智慧 / 李泰编著 . -- 北京：民主与建设出版社，2023.12
ISBN 978-7-5139-4452-6

Ⅰ.①会… Ⅱ.①李… Ⅲ.①财务管理Ⅳ.①TS976.15

中国国家版本馆 CIP 数据核字（2024）第 007671 号

会赚钱：创造财富的智慧
HUI ZHUANQIAN CHUANGZAO CAIFU DE ZHIHUI

编　　著	李　泰
责任编辑	廖晓莹
封面设计	阳春白雪
出版发行	民主与建设出版社有限责任公司
电　　话	（010）59417747　59419778
社　　址	北京市海淀区西三环中路 10 号望海楼 E 座 7 层
邮　　编	100142
印　　刷	唐山楠萍印务有限公司
版　　次	2023 年 12 月第 1 版
印　　次	2024 年 3 月第 1 次印刷
开　　本	680 毫米 ×920 毫米　1/16
印　　张	16
字　　数	113 千字
书　　号	ISBN 978-7-5139-4452-6
定　　价	45.00 元

注：如有印、装质量问题，请与出版社联系。

前言
preface

人到成年，身有千斤担，睁眼闭眼都是生活，老人要赡养，孩子要抚养，人情要往来，还有各种各样料想不到的开支，每一步都要花钱。赚钱很辛苦，要用血汗，要用精力，但是当意外突然来临时，如果能用钱解决，也许我们会发现赚钱的艰难其实并不是最难。所以，在成年人的世界里，赚钱是生活，是刚需，也是底气。

那用什么方式才能赚到钱？怎么才能更好地规划手中的钱，让自己的钱变得更值钱呢？这就需要技巧和学问了。这是每一个成年人都需要具备的能力。

我们知道没有一份工作是轻松的，即使是衣着光鲜亮丽的职场精英也不例外。每个人挣到每一分钱都必须付出自己的体力、脑力、精力，不同的是不同人挣钱的方式不一样。但是手里有了钱之后，要保住自己的财富，并且让财富不断增值，这时大家似乎就都一样了。这个时候要能够科学分配每一分钱，要让手中的钱再去赚钱,而且保证手中的钱不遭受意外损失,从而确保家庭的财富稳中增长,这就是一门大学问。会赚钱并用好每一分钱的人才算得上是真正会赚钱的人。

会赚钱,首先必须能客观地认识到自己适合在什么领域中赚钱,并在自己擅长的领域中不断提升自我,让自己拥有行业内壁垒式的优势;其次,要懂得每一分钱都不能浪费的道理,以及用手中的钱再帮自己赚钱的技巧,即使钱再少也不例外;最后,还要懂得未雨绸缪,在经济状况允许的情况下,给家庭和自己做好充分的保障,即使遭遇风雨,也还有足够的经济保障为家庭保驾护航。

本书没有复杂的技巧,没有过多的术语,只是用最简单的方式告诉广大读者如何赚到钱,如何用最接地气的方法保住自己财富中的每一分钱,是读者实用的致富经。如果还在对赚钱迷茫,不知道如何安顿自己手中的钱财,不妨翻翻本书,或许能得到些许令人醍醐灌顶的启发。

目录 CONTENTS

第一章 赚钱,成年人最重的任务 ·················· 1
我们为什么要赚钱 ································· 1
用钱来赚钱并不是富人的专利 ······················· 2
上班赚钱很重要,聪明理财更重要 ··················· 5
不管钱多钱少,用钱赚更多的钱都是必修课 ············ 9
先求稳再求好,没有钱更要懂钱 ····················· 12
搞清楚自己目前的经济状况 ························· 16
怎样选择适合自己的钱生钱方式 ····················· 18
知己知彼才能投资致富 ····························· 21
"三心二意"的投资心态 ···························· 25

第二章 相信自己配得上更多的金钱 ················· 29
做好规划,冲击高薪 ······························· 29
想办法找到属于自己的赚钱密码 ····················· 32

找准定位，身价决定你的"薪"情……………………… 35

做限量商品，用专业让自己赚得更多………………… 38

在自己的工作上获得成功……………………………… 41

踏实工作，让收入平稳增长…………………………… 44

不要因为枯燥而放弃上班……………………………… 47

第三章 会花钱也要会省钱，过好日子才不难……… 50

学点必要的财务知识…………………………………… 50

把预算放在第一步……………………………………… 52

远离不良消费习惯……………………………………… 56

先学会怎样花钱………………………………………… 59

不花冤枉钱……………………………………………… 62

购物不要冲动…………………………………………… 63

买车，适合自己的最好………………………………… 67

让自己变身"用钱达人"……………………………… 70

拒绝诱惑，夯实基础资产……………………………… 74

花在哪儿比花了多少更重要…………………………… 77

实用的省钱之道………………………………………… 80

日常省钱的七大秘诀…………………………………… 83

购物计划清单帮你了解生活细节……………………… 86

出席重要场合，不妨租用名贵服饰……………………… 88

　　打好"穿"的小算盘……………………………………… 91

　　旧物翻新，省钱又时尚…………………………………… 94

　　如何应对通货膨胀………………………………………… 96

第四章　发现商机，让财源滚滚来……………………… **100**

　　下海投资，一定要去自己熟悉的海域…………………… 100

　　选好项目再出发…………………………………………… 102

　　资金少，合理分配收益多………………………………… 107

　　合伙创业，风险同担……………………………………… 110

　　借别人的钱创业…………………………………………… 114

　　当亲朋好友的天使投资人………………………………… 118

　　网络店铺唯有"惊鸿一瞥"……………………………… 120

第五章　低薪时代，干份兼职赚外快……………………… **124**

　　别错过工作之余的许多致富机会………………………… 124

　　找一份兼职，增加资金的额外收入……………………… 127

　　将爱好变成赚钱的发动机………………………………… 130

　　多多开发一些入账的门路………………………………… 133

　　给自己谋划一份不在职收入……………………………… 136

　　经济不景气，做什么最赚钱……………………………… 139

第六章 科学配置资产，别让钱从指缝中溜走 …… **143**

资产配置的好坏决定收益……………………… 143

钱不多的人也要进行资产配置吗……………… 145

实施投资组合应遵循的原则…………………… 147

定期观察并调整投资组合……………………… 149

家庭风险须防御………………………………… 151

第七章 为财富修筑坚固的"围墙" …………… **154**

谨防储蓄中的破财行为………………………… 154

远离盲目和贪婪，才能拥抱高收益…………… 157

投资领域诱惑多，理性抵制是关键…………… 159

投资失败时要及时止损………………………… 162

看清投资的风险、收益、流动性……………… 165

第八章 小利也能积少成多 …………………… **169**

制订合理的储蓄计划…………………………… 169

别让工资卡沉睡………………………………… 171

四分存储法让活期存款收益更高……………… 174

高效打理定期存款，使利息收入最大化……… 177

应对低利息的存储策略………………………… 179

让信用卡的免息期最长………………………… 181

善用信用卡分期付款…………………………………… 184

信用卡的使用技巧及安全问题………………………… 187

第九章　投资有手段，成为赚钱赢家　192

明确自己适合哪种类型的投资………………………… 192

寻找适合自己的投资领域……………………………… 194

妙用投资组合，分散投资风险………………………… 196

股票的几种投资策略…………………………………… 199

如何判断赚钱的基金…………………………………… 201

想稳稳当当，试试购买债券…………………………… 203

选择最适合自己的黄金投资渠道……………………… 207

收藏投资重在规划……………………………………… 210

第十章　赚钱的同时，也要小心陷阱　213

投资有风险，不投资同样有风险……………………… 213

能不能看住篮子才是关键……………………………… 215

投资陷阱密布，需谨慎对待…………………………… 217

不要轻信稳赚不赔、包退款…………………………… 222

看清投资的风险、收益、流动性……………………… 225

如何识破理财顾问的小伎俩…………………………… 228

切忌到处撒网，胡乱投资……………………………… 231

工薪族降低风险的方法……………………………………… 232

第十一章　人在钱在，给未来生活一份保障……………… 235
越是没钱，越要尽早买保险……………………………… 235
商业保险是社会保险的必要补充………………………… 238
搞定三种保单，终生没烦恼……………………………… 240
用保险存小孩的教育金…………………………………… 243

第一章
赚钱，成年人最重的任务

我们为什么要赚钱

　　为什么要赚钱？理由很多。我们每天的生活无一不需要钱，吃穿住行需要钱，房子、车子、孩子需要钱，生活的每一步都需要钱，梦想的实现也都需要钱。虽然说钱不是万能的，但是每个人活下去的每一处好像都离不开钱。

　　那就要想方设法赚到钱。朝九晚五的上班族、工厂的工人、打零工的自由工作者、摆地摊的个体、开实体店的老板等，都在用自己的方式赚钱。

　　赚钱会不好意思吗？有人会。不好意思是因为自己心中一直缺乏底气，觉得赚别人的钱非常不好意思。这种想法是非常错误的，一定要有一个坚定的认识，自己不坑不骗，对等服务，在自己赚钱的同时也给别人提供了产品或者服务，别人也因此赚到了钱或是得到了服务，别人都不是平白无故给自己钱。

不好意思就很难赚到钱。要有自信，对自己的合理合法所得要敢于谈钱，敢于收钱。

我们可能在现实生活或是影视片段中见过这样的镜头：迫于生计，在街头贩卖某些物品以赚取少量的生活资费的人，由于羞于开口吆喝，呆呆地站着，甚至是蹲角落里默默等着顾客上前，往往一整天过去之后，商品也几乎无人问津。但反过来，如果卖货的人敞开了怀大声吆喝，让路人及时了解到自己的商品，也许很快就能兜售一空。同样的商品，在不一样的人手里，销售状况是大不一样的。尤其是原本就很需要钱来过生活的人，如果不好意思赚钱，日子会过得更加艰苦。

我们要明白，进入职场的目标是为了赚钱。首先要做好目标规划，去到能赚钱的城市，找到适合自己能赚到钱的行业和公司，然后不断强化自己的业务能力，想方设法让自己做到能独当一面。在业务能力达到要求后，还要学会不断圆融同事之间的关系，让自己的职场之路延伸向更高更远的地方。

用钱来赚钱并不是富人的专利

在我们的日常生活当中，很多工薪阶层或中低收入者都会持有"有钱才有资格用钱来赚钱"的观念。他们普遍认为，每个月固定的工资收入应付自己日常的生活开销就差不多了，还哪来的余钱可去赚钱呢?

实际上,越是没钱的人越需要理财,用钱来赚钱。举个例子,如果你有10万元,但是由于理财失误,造成财产损失,很有可能立即出现危及生活保障的许多问题,而拥有百万、千万、上亿身价的人,即使理财失误,损失其一半财产也不至于影响原有的生活。所以说,必须要先树立一个观念——不管是贫是富,理财都应该是始终伴随人生的大事。在这场"人生经营"过程当中,资产越少的人就越输不起,对于理财更应该严肃而谨慎地去看待。

理财投资并不是有钱人的专利,大众生活信息来源的报纸、杂志、电视、网络等媒体的理财方略也不是服务少数人理财的"特权区"。在芸芸众生之中,所谓的有钱人毕竟只是少数,而工薪族、百姓仍占绝大多数。投资理财是与百姓生活休戚相关的事,暂时还没积累财富的人群或初入社会、无固定财产的职场新人都不应逃避。就算捉襟见肘、微不足道也有可能"聚沙成塔",运用得当更可能是"翻身"的契机呢!

有很多人时而抱怨物价太高,工资收入赶不上物价的涨幅,时而又自怨自艾,恨自己不能生于富贵之家,或者有一些愤世嫉俗的人甚至轻蔑投资理财的行为,认为是追逐铜臭的俗事,或把投资理财与那些所谓的有钱人画上等号,殊不知,他们都陷入了矛盾的逻辑思维。他们一方面深切地体会到金钱对生活影响之巨大，另一方面又不屑于追求财富的增长。

我们一定要改变观念，既然每天的生活与金钱脱不了关系，就应该正视其实际的价值。当然，过分看重金钱有时也会扭曲个人的价值观，成为金钱的奴隶，因此更要诚实地面对自己对金钱的看法。是否所得与生活不成比例？金钱问题是不是已经成为自己"生活中不可避免之痛"了？

财富能给人带来生活安定、快乐与满足，它也同样是许多人追求成就感的途径之一。所以要学会适度地创造财富，别被金钱所役、所累，这是每个人都应有的中庸之道。要认识到，"贫穷并不可耻，有钱亦非罪恶"，不要忽视理财对改善生活、管理生活的功能。没有谁能准确地说清楚究竟要多少资金才算符合投资条件，才需要理财。

以一些金融工作者的经验和市场调查的情况综合来看，理财应该"从第一笔收入、第一份薪金"开始。即便是第一笔的收入或薪水中扣除个人固定开支及"缴家库"之外所剩无几，也不要低估微利小钱的聚敛能力，100万元有100万元的投资方法，100元也同样有100元的理财方式。绝大多数的工薪阶层都是首先从储蓄开始累积资金。一般薪水仅够糊口的"新贫族"，无论他们的收入多少，都应该首先将每月薪水抽出10%

存入银行，而且保持"不动用""只进不出"的状态，才能为积攒财富打下一个初级基础。如果每月的薪水当中有600元的资金，在银行开立一个零存整取的账户，撇开利息不说或不管利息多少，20年后仅本金一项就达到14.4万元了，倘若再加上利息，数目更可观了。"滴水成河，聚沙成塔"的力量不容忽视。

如果觉得银行定存利息过低，而节衣缩食之后的"成果"又稍稍可观，建议可以开辟其他不错的投资途径，或者是入户国债、基金，或涉足股市等。这些其实都是小额投资的方式之一，但必须要注意选择最适合自己的方式，刚开始时不要被高利所惑，风险性要妥为评估。绝不要有"一夕致富"的念头，一定要务求扎实渐进。

总而言之，千万不要忽视小钱的力量，就如同零碎的时间一样，要懂得充分运用，时间一长的话，其效果也十分惊人。最关键的是要有一个清醒而又正确的认识，给自己树立一个坚强的信念和必胜的信心。

上班赚钱很重要，聪明理财更重要

有很多工资较高的年轻人认为理财不重要，他们凭借自己的学历和能力，找到自己非常满意的工作。因为高薪，用不了多长时间他们就能够打下丰厚的经济基础。他们认为自己每个月的工资足够花，想买什么就买什么，没有必要理财。

其实，这种想法会让他们未来的生活陷入困境，虽然现在每个月都有固定的收入，感觉不到金钱对生活的影响有多大。如果拿着高薪而不理财，如果遇上难处，生活一样会陷入令人尴尬的境地。

网上曾登载了这样一则新闻：

由于负债累累，某著名电视新闻记者、主播艾德·米切尔成了无家可归的流浪汉。

在英国新闻界，艾德·米切尔曾经红极一时。在其巅峰时期，他主持过英国独立电视公司ITN的新闻联播，还曾采访过多位英国及世界政界要人，例如英国前首相撒切尔夫人和梅杰、美国前总统卡特等。

当年，他拥有让人眼红的10万英镑的年薪、价值50万英镑的房子、每年两次的海外度假，拥有漂亮的妻子、可爱的儿女及奢侈的生活。总之，现代生活中能享受到的，他几乎都享受过了。

可是没多久，艾德·米切尔被迫"下岗"了。遭解雇后，他的噩梦便开始了。在失业前,他累积的几万英镑的信用债务像滚雪球般越滚越大,为了还清旧债,他不得不申请新的信用卡。于是在几年时间里,他总共欠下了25张信用卡将近25万英镑的债务,不得不变卖了房子还债。最终他无家可归,沦落到在海滨城市布莱顿街头露宿。

红极一时的新闻主播、记者,拥有让大家羡慕的年薪,到最后却沦落为街头露宿者。从中我们可以看到,拿着高薪的人并不能保证自己的生活一片坦途。我们看看理财能够给生活带来什么。

小卢毕业后成了一名北漂。刚来北京找工作时,他走了不少弯路。经历四个月痛苦的寻觅之后,终于在一家理财公司找到了工作,税后月薪6000元左右。小卢现在还是单身,在不考虑家庭因素的情况下,他认为:"45岁之前,赚400万元才够花。"具体说就是,如果想在45岁退休的话,至少要有400万元的闲钱,才能在退休后用这笔钱继续投资赚养老金。由于从事与理财相关的工作,他从一入公司就已经认识到理财规划的重要性,因此,小卢早早就开始了自己的理财规划。

现在,小卢已经工作两年了,他的资产主要集中在股票上。他手上有市值近13万元的股票,基金定投账户有5万元,还有现金5000元。现金之所以如此少，是因为他年初购买了iPad、iPhone等最新款的数码产品。

小卢才工作了两年，就已经积累了十几万元的资产，而且还能够跟着时代的潮流走。这主要还是归功于他一工作就懂得理财。如果他和大多数工薪族一样，只重视薪水的高低，相信现在他也就只能拥有那些标志时代潮流的iPad、iPhone等产品，而不会有那么多的资产了。

对比一下艾德·米切尔和小卢，假设最后小卢也和艾德·米切尔一样失业了，相信小卢不会像艾德·米切尔一样流落街头、无家可归。艾德·米切尔虽然领着高薪，但是他没有理财意识，失业之后财路断了，债务就越滚越大。小卢的工资虽然没有艾德·米切尔的工资高，但是他懂得让钱生钱，又没有借贷，即使失业了，他还是会有一些投资方面的收入，他的财路并没有断，而且没有债务拖累。通过他们两个人的对比，就可以看出，上班赚钱很重要，聪明理财更重要。

有些人努力工作，省吃俭用，但始终都在为钱发愁。他们常常问自己："钱都到哪里去了？我好像什么都没有做，钱就花光了。"问题的答案就在于他们没有良好的理财意识和习惯，一辈子都在糊里糊涂地工作、无计划地花钱，因此赚得再多也积累不下多少财富，更谈不上享受高品质的生活了。

理财能力与挣钱能力是相辅相成的。一个有着高收入的工薪族应该有可靠的理财方法来打理自己的财富，从而进一步提高自己的生活水平，拥有更多的财富。

不管钱多钱少，用钱赚更多的钱都是必修课

事实上，理财的必要性跟穷富是没有任何关系的，而是跟一个家庭的生活目标相关，穷人同样也有生活得更好的要求。资本存量虽然小，但更需要通过理财巧妙打点资产，安排资金，逐步改善财务状况，最终通过理财来帮助自己实现财务自由。

商界一直有一个著名的二八定理：20%的客户拥有80%的财富。有一家银行曾经做过一项测试。测试发现，不足500人的10万元以上存款的贵宾客户占有该支行85%以上的存款。广大中低收入者的资本存量非常小，由此也就可窥一斑。但要明白，资本存量小，并不意味着就没有理财的必要或者能力。理财主要指的是家庭理财，通俗一点就是赚钱、省钱、花钱之道。它是通过对个人和家庭财务资源进行管理，以实现更高的生活目标的过程。

1.理财不需要有大量的资本

有一些人认为，理财一直都是富人的游戏。不错，在理财

市场上总是活跃着那些富有者的身影，但据此就认为理财只是富人们的游戏，这种观点是不对的。

首先，这种观点是对理财目标的错误理解。因为理财不同于投资追求过高的收益，理财是一种生活态度和战略。投资只讲究战术上的安排，而理财则是为了能够更好地平衡现在和未来的收支，以解决家庭财务的问题，保障生活水平的稳定，从而提高生活水准。那些富人庞大的资产需要保值增值，就需要做出安排，需要理财。而穷人也有自己的生活目标，为了保障基本生活并尽可能生活得更好一些，让有限的资源释放出更大的能量，这其实也需要理财。

其次，这种观点是对理财手法的认识不够。认为理财只是富人的游戏，其实里面还隐含着这样一个观点：理财需要大量的初始资本。这种理解是不科学的，理财的方法各式各样，钱多有钱多的理财道，钱少也有钱少的获利法。钱少的话可以用细水长流的投资方式，选择那些投入门槛低、进出方便的产品。只要是选择适合自己的投资方式，让闲钱运动起来，就能够做到集腋成裘。

理财不是仅属于富人的游戏，而是一种智力的游戏。大多数的富人都是通过自己的智慧和努力拼搏从而最终获得财富的。他们相对来说更加懂得理财，他们知道理财能够为自己带来一些帮助。穷人理财拼的也是一个理财智力和能力，一定要懂得生财之道，就算米少也一样能烧出一锅好粥。

2.要给自己树立正确理财观念

通常中低收入者的资本存量少，风险承受力比较低，大部分缺乏实战经验，理财的时候特别要注意以下几个问题。

首先，一定要树立起健康的投资理财观念。理财是伴随我们一生的过程，不是一蹴而就的。制定了规划后关键是执行，在执行中要学会看效果，找问题，攒经验。与此同时还必须明确，理财规划通常需要较长的时间来实践，不是一两个月的投机生意，这其实也决定了我们在投资产品的选择上要注意长线投资效果，一定不要太在意短期的波动。

其次，要端正对风险的认识。中低收入者风险承受力低，是客观现实。可是也要看到风险和收益成正比例，假如只是一味躲避风险，风险稍稍高点的产品就不敢尝试，那就只能得到基本的银行存款收益率，用理财来增值更是无从谈起。风险并不可怕，只要能够对风险进行合理的控制、管理，稍高的风险，实际上大部分的中低收入者还是能够接受的。

再次，一定要正确看待专业人士的意见。专业人士经验丰富，信息量比较充足，特别是对初涉理财或者理财经验欠缺的人而言，适当寻求一下专业人士的意见，会收到事半功倍的效果，切忌自己盲目规划、胡乱投资。但是同时也必须注意的是，专业人士意见只能供作参考，切不可奉若神明，对自己情况最了解的还是自己，专业人士也只能是在大致的方向上做出一个大概的指引，真正做出判断、执行操作还是要靠自己。

最后要注意的是，理财是帮助我们实现财务目标的工具，投资者要学会驾驭这个工具。市场总是瞬息万变的，我们的理财目标和具体操作也就一定要跟随着家庭和市场环境的变化不断做出调整。不能环境都完全变了，还在死守着以前的老规划，按部就班地执行，那样也就失去了理财的初衷和真谛。

先求稳再求好，没有钱更要懂钱

小张工作4年，是某公司的部门经理，年收入能达20万元以上，买了车，穿戴名牌，经常带一帮朋友下馆子，从不在家做饭，出手大方，平时消费很高。刚开始根本没有理财意识，后来听了公司组织的理财课后，没有经过详细研究，就把手头仅有的几万元购买了自己钟爱的收藏品油画。工作几年下来就剩那几幅油画了。人生无常，突然父亲病重，一下就需要手术费十几万元。小张可是愁坏了，油画一时出不了手，父亲的病又急需钱，慌乱下的东拼西凑才算救了急……

像小张这样收入不菲、风险防御系统极差的人真不少。如果小张之前稍微有一点儿理财常识，依他的收入抵御风险能力应该是很强的，可是十几万元都让他崩溃得一塌糊涂。

可见，稳稳当当投资、从零开始理财的意义非同寻常。

1.理财稳健，少亏多赚

发财致富是每个人的梦想，在众多机会面前既要抓住机会，又要稳健。稳健是投资理财中需要注意的一个基本法则。股神巴菲特一生奉行的投资理念就是稳健。只有稳健投资，才能减少亏损，带来长久收益。常记三个准则可使理财更稳妥：首先是要用闲置的资金投资，亏了也不影响到家庭生活；其次，不过量交易，以三倍以上的资金应付价位波动，灵活应对投资；最后，保持自律，不贪心，面对投资理财中各种突发状况，若能稳健应对，肯定少亏多赚。

一般情况下，稳健投资的方式有储蓄、投保和债券。

储蓄，简单且有技巧，在进行储蓄时，必须事先比较、计算不同储蓄方式的利息额度，选择收益最大的一种。

投保，现在保险品种丰富，应仔细看好每一种产品，权衡不同组合的风险收益，选择最适合自己的一种。

债券，风险小，比单纯储蓄回报率高，是许多人投资的重要途径。

从稳妥投资的原则出发，一般可以采取组合投资策略。一般将个人财富的30%用于储蓄以备后用，20%用于购买股票以寻求高收益，20%用于投资基金或债券，20%用于实物投资以追求增值，10%用于购买保险以防止意外，这就是所谓的"32221"组合。

2.财富累积，从零开始

理财通过对资金做出最明智的安排和运用，使金钱产生最高的效率和效用，从而使财富不断累积。佛家常言："有便是无，无便是有。""有"和"无"是辩证的统一体，是相辅相成的。从零开始，即闲资金零状态和理财知识零状态便也是处于此种状态。从某种意义上讲，零状态也是一种优势。因为"零"是最佳的学习和实践期。况且理财不是一团乱麻，是有章可循、有步可依的。只要认真学习，每个人都可以累积可观的财富。

零状态实现财富累积四部曲。

（1）积累资产。

（2）要做好资产的配置，并根据情况对资产配置做不断的调整。

（3）要找到一个能够适时买入、卖出的方法。

（4）定期定额投资基金。

3.三把钥匙，长久收益

三把钥匙，又称为投资的三把万能钥匙。能合理运用这三把钥匙，玩转这三把钥匙，长久的收益将不再遥远。

（1）价值投资。

物有所值是投资的根本，是内在价值原理。一件东西价值多少就是多少，不要为表象所迷惑。

（2）分散投资。

不要把所有鸡蛋放在同一个篮子里，也就是上面所说的"32221"组合。因为不同投资品风险不一样，有时可以互相抵消；在同一个投资品里也可以分散，即购买不同期限的债券和不同类型的股票。

（3）长期投资。

投资需要耐心，许多投资品的价值只有长期才能显示出来。若总是追逐热点，一味跟风，手脚太勤快了，挣的钱可能还不够付手续费。

总之，这三者要灵活运用，且不可一味僵化套用，否则同样可以带来损失。总体上来讲，应以价值投资为根本，并辅以长期投资。

搞清楚自己目前的经济状况

俗话说："知己知彼，百战百胜。"这一句话在理财上也能恰如其分地发挥作用。理财就是指个人或机构根据自身当前的实际经济状况，通过一定的手段或方式，对自身财产进行合理规划，并实现经济目标的计划、步骤等。可以看出，理财的前提是立足于了解自身经济状况的基础上的。

工薪族充分运用各种理财方式打理自己的财富前，要搞清楚自己当前的经济状况。只有了解自身经济情况中的每个细枝末节，才能有针对性地采取各种不同的理财方式来增长财富。

既然自身的经济状况有如此举足轻重的作用，那么该从哪些方面，又该怎样弄清楚自己目前的经济状况呢？

简单来说，搞清楚当前自身经济状况主要有两个方面：一是资产负债，二是收支。资产负债就是有多少财富可以用，有多少负债，比如房贷、信用卡透支。了解自己的资产负债就是弄清楚我们所管理的经济资源，以及所承担的所有债务。放眼周围，好多人连自己有多少资产都不清楚，有多少债务也不甚了解，在这样的糊涂情形之下，怎么能做出一个好的理财计划，怎么能够理好财呢？

而收支则相对好理解，就是生活中的收入支出。对于上班一族来说，收支的平衡是很重要的，而掌握每个月收入的多少，支出的去处，形成一个详细的数据，对于了解自身的经济状况，开展下一步的理财规划是不可缺少的。如果不了解自己经济状况，只是稀里糊涂地过日子，更别提想要实现的一些生财大计。在某外企工作的小谢就是这样的典型。

小谢是个想挣大钱的人，每个月有4500元的工资和一定的奖金。一开始他总会先划出一部分钱来投资，买点股票、基金什么的。但腾出这部分钱后，小谢总是会手忙脚乱地四处借钱还房贷，有的时候半年一次的置装费都攒不下来。几个月下来，投资挣来的钱还了借来的钱，一合计，剩下来的钱寥寥无几。

眼看着自己的富翁计划越来越遥远，小谢无奈之下只好请教了身边一个颇懂理财的同事。经过同事的指点，小谢首先对自己的财产进行了全盘的清点和了解，包括卡上三四万元的存款、一些股票和基金，每个月要还的2000元房贷等都进行了详尽的计算。小谢开始了之前他认为的婆婆妈妈的记账生涯，每个月的收入支出都一一记录在册。

两个月过去，小谢能很好地做出自己下个月的预算，消费、投资也不再慌乱，每个月攒下的钱也多了。随着对自身经济状况了解的加深，小谢的理财之路也越走越宽，一年下来，眼见着自己的存款获得了可喜的增长。

从小谢的亲身经历中可以看到，搞清楚自身目前的经济情况对理财规划有多么重要。工薪族总是繁忙的，但是繁忙之余，还是要分出一份心力、一些时间来整理自己资产的状况，了解自身的负债和盈余，更要掌控好每月的收支情况，以对自己经济状况的全局掌握，来应对当前繁多的理财方式中的条款，制订出更加符合自身需求、适合当前时代的理财计划，更好地实现理财目标。

没有几个富翁不能清楚地报出自己的资产和花费，他们对于理财大计的确定，对财富的掌控是建立在对自己经济状况深刻了解的基础上的。

了解自己的财富余额，懂得自己需要填补负债造成的空缺，明白自己有多少能力进行理财的规划和实施，才能真正成为理财的能手、财富的拥有者。弄清楚自己目前的经济状况，才能更好地进行更深入的理财规划和操作，从而达到理财的最终目标。

怎样选择适合自己的钱生钱方式

想达到使已有的钱既保值又增值的目的，必须选择恰当的用钱生钱,即理财的方式。

据报道,近年来,市民中出现了这样一种错误的生钱方法:20多岁的小伙子像60岁的老人一样只知道存钱;60多岁的大妈却学年轻人把养老金拿来炒股。因为在自己的年龄阶段选择了错误的生钱方式,不少市民感觉收效甚微。

58岁的刘女士退休后,看见儿子炒股赚了钱,也禁不住诱惑,把存折里仅有的7万多元养老钱拿出来炒股。刘女士对炒股一窍不通,进股市时听别人推荐买股,起初还赚了一点,可惜好景不长,没几个月股市开始下跌,短短大半年,损失2万多元。

而今年28岁的小王,参加工作5年,至今无房无车,目前只有1万元定期存款和工资卡上2000多元的活期存款。小王收入不算很低,但平时花钱太没计划,而且从不理财,钱都在工资卡上存活期,花得多,剩得少。

人在不同年龄阶段,应选择不同的理财策略,不能把一种理财思路贯穿始终。像小王和刘女士这样都犯了理财大忌,在自己所处的年龄阶段,选择了错误的理财方式。

现在理财的方式有很多种,如储蓄、股票、保险、收藏、外汇、房地产等。面对如此多的理财方式,一定要选择适合自己的理财方式。

那么，有哪些因素影响理财方式呢？

1.职业

有的人认为理财需要投入大量的时间，即如何将有限的生命进行合理的分配，以实现比较高的回报。你所从事的职业决定了你能够用于理财的时间和精力，而且在一定程度上也决定了理财的信息来源是否及时充分，由此也就决定了理财方式的取舍。

如果你的职业要求你经常奔波来往于各地，甚至很少有时间能踏实地看一回报纸或电视，显然你选择股市是不合适的。尽管所有的证券公司都能提供电话委托等快捷方便的服务，但你所从事的职业必然会影响到你的投资组合。

2.收入

理财，首先要有一定的经济基础。对于一般普通家庭而言就是工资收入。收入多少决定了你的理财力度，那些超过自身财力，"空手道"式的理财方式不是一般人能适合的。所以很多理财专业人士常告诫人们说将收入的1/3用于储蓄，剩余1/3用于投资生财。按此算来，你的收入就决定了这1/3的数量，并进而决定你的理财选择。

比如，同样是选择收藏作为理财的主要方式，但资金太少而选择收藏古玩无疑会困难重重。相反，如果以较少的资金选择投资不大但升值潜力可观的邮票、纪念币等作为收藏对象，不仅对当前的生活不会产生影响，而且还会获得相当的收益。

3.年龄

年龄代表着阅历，是一种无形的资产。一个人在不同的年龄阶段需要承担的责任不同，需求不同，抱负不同，承受能力也不同。所以不同年龄阶段有不同的理财方式。对于现代人而言，知识是生存和发展的基础，在人生的每一个阶段都必须考虑将一部分资金投资于教育，以获得自身更大的发展。当然，年龄相对较大的人在这方面的投资可以少些。因为年轻人未来的路还很长，偶尔的一两次失败也不用怕，还有很多机会重来，而老年人由于生理和心理方面的原因，相对而言承受风险的能力要小一些。

总而言之，年轻人可以选择风险较大、收益较高的投资理财组合，而老年人一般应以安全性较高、收益比较稳定的投资理财组合为佳。

知己知彼才能投资致富

"知彼知己，百战不殆"，这是一种军事谋略，也是投资真经。每个人都有和别人不一样的地方，自己适合做哪方面的投资，哪些方面的投资值得去做，这些都是需要考虑的。要想通过投资致富，就应该首先学会认清自己的才能，认清投资的对象及当前投资的形势，并将它发挥到最大的功效。

了解自己的性格特点，并分析自己最擅长的领域，这就是"知己"，接下来要做的就是"知彼"。想在投资中有收获，投资者必须要了解、研究投资工具，选择最适合自己的一种投资方式并且熟练地运用它为你赚钱。

投资的工具有很多种，包括定存、基金、股票、期货等。投资工具无所谓哪个好哪个不好，重点是哪一个最适合你。

那么，应该如何做到知己知彼，选择适合自己的投资方式呢？

1. 从时间的角度

选择什么样的投资方式，首先需要对自己的情况做一次客观的评估。比如空闲时间有多少、资金有多少、风险承受能力有多大，等等。有的投资工具需要投入大量的时间去观察分析，比如股票、期货，如果空闲时间比较多，可以选择这些类型的投资工具。而有些投资工具只需要投入少量的时间就能掌握其要领，比如基金、房地产、债券等，如果空闲的时间比较少，那么这类的投资工具更适合你。

2. 从投资工具的风险角度

每个人的风险偏好不同，而投资工具的风险也不同。有的投资工具风险小，虽然回报率比较低，但是相对安全，比如债券。如果你的风险承受能力相对较低，则比较适合这类投资工具。

3. 如何明确自己的目标

如果你追求更高的回报，你就可以选择股票、股票型基金及期货等工具。

选择一种最适合自己的投资工具不仅能带来丰厚的收益，同时也会获得投资成功所带来的快乐。

张先生大学毕业已有几年时间，如今在一家事业单位上班，每个月收入比较稳定，有3000多元，此外还有近5万元的存款。然而，虽然手上有一些存款，他却不知道该如何经营。张先生所采用的投资方法非常简单：一直把钱放在银行存定期。工作了3年多，他发现自己的财富增长非常缓慢，于是便有了利用其他方式投资理财的念头。

但是，张先生并没有研究过各种投资方式。刚开始，张先生选择了股票，因为他听说股票赚钱快。可是没多久以后，他就发现了重要的问题——股票需要经常关注股市行情，但他根本没有时间，即便他可以通过手机上网来随时查看股市行情，并且买卖股票，但是，他根本没有精力去打理。经过一段时间的股票投资，虽然他从股市中赚了一点小钱，但是与他所耽误的时间相比，这点小钱几乎可以忽略不计。在权衡之下，张先生决定放弃炒股。

放弃了股票后，张先生并没有就此放弃投资，他从股票市场转向了基金市场。他做了一些功课后，把手上的基金分成了几部分：30%的股票型基金，40%的债券型基金，另外，他还买了几份保险。

对于张先生这个平时工作比较忙的人来说，自从转向基金之后，他就不再为耽误工作而烦恼了。总体而言，他投资的基金产品每年的回报率都比较稳定，这让张先生在赚钱的同时也很有安全感。

每个投资工具都有其利弊，如今市场上存在着各式各样的投资工具，每一种都有可能为投资者带来收益，但是每一种也都存在风险，关键在于选择最适合自己的一款投资工具。投资市场上最忌从众心理，见到别人投资赚钱了，便也跟着买进、卖出，这样偶尔可能会赚些小钱，但这样费时费力不说，动作稍微慢点，就可能被套或者割肉赔钱。因此投资者一定要有自己的主见，避免盲目从众。

有的人喜欢买国债，认为买国债保险，收益也较高；有的人喜欢做房地产，认为房地产市场套数多、空间大、有意思；还有的人喜欢收藏钱币、古董……投资者在选择时，应结合自己的专长，在各个时段认真分析投资工具的利弊。

可见，投资者首先必须认识自己、了解自己，然后认真分析各种投资工具的利弊，再决定投资什么、如何投资。只有从实际出发，脚踏实地，真正做到知己知彼，才能在投资中得到较好的回报。

"三心二意"的投资心态

何谓投资的"三心二意"？"三心"指的是耐心、信心和恒心；"二意"指的是意图和意志。

1.投资人要有耐心

投资大师彼得·林奇曾经有这样一句名言："股票投资和减肥一样，决定最终结果的不是头脑而是耐心。"投资如减肥，急不得，古人曰："欲速则不达。"如果没有长久坚持的耐心，买几只股票就想成为富翁，那是不适合投资的。沉稳以对，耐心等待行情来临，你会发现时间是投资人最好的朋友。

2.投资人要有信心

信心不是盲从,也不是盲目的乐观,而是相信虽有周期和循环,但是市场的长期趋势是向上的。源于对市场的信心,你相信人们仍然会在早上起床时穿上衣服,生产衣服的公司会继续为股东盈利。你相信社会是发展的,老企业终将衰退,朝气蓬勃的新企业将取而代之。当你进入投资领域起,就不要把简单的事情复杂化,你之所以投资,就在于你信心满满。如果你对某一只股票或基金没有信心,那就尽早撤出投资,以免遭受损失。

随着经济结构的调整,中国经济仍将持续增长。大局观告诉我们,尽管21世纪以来,中国股市发生过多次剧烈的下跌,每次下跌都有上千条理由让人们相信"世界末日"就要来临,但是持有股票还是比持有债券的收益率高。如果你没有投资信心,那就很难获得更多的收益。做投资就要有信心。

3.投资人要有恒心

有的人对投资三天打鱼两天晒网,或者有一搭没一搭,这样无益于财富增长。投资要持之以恒,不断地进行,定期定额扣款,从低档开始多累积份额,这样才能获得回报。如果时不时中断投资,不仅无法获得回报,连经验也无法得到多少。投资不是兴之所至的事情,应该定期定额地进行。定期定额投资法是长期投资最好和最成功的方法，建议投资人多多采用。

4.投资人必须意图明确

投资绝非漫无目的或是一时兴起，而应有明确的目标或步骤，这样才能事半功倍、进退自如。如果是为了养老而投资，那么就需要买一些回报率比较稳定、风险较小的投资产品。当然大多数年轻人的想法显然不只是为了养老而投资，多半都是为了赚上一笔不菲的财富，既然你的意图是这样的，那么你需要的是风险性投资。

在投资过程中，意图明确非常重要，最怕摇摆不定，一会儿觉得自己不应该买股票，应该买债券，一会儿又觉得债券收益不行，还是基金好。如果你的投资意图一直这样不清不楚，那么投资肯定会失败，因为你根本没有时间去思考你的投资，更无法合理配置资产。

5.投资人必须意志坚定

关于这一点，相信每个人都能理解，不仅投资需要意志坚定，其实做任何事情都需要。在投资过程中，千万不能因为短线市场波动或是情绪性因素，而破坏自己原先设定好的投资计划。如果投资计划已经开展，就一定用坚强的意志力贯彻下去，该追加就追加，该止损就止损，该跑路就赶紧跑路，绝对不能有丝毫的犹豫。投资人必须坚定地执行投资计划，向理财目标迈进，坚持再坚持，相信财富就在未来不远处等着你。

  以上5点，就是投资时要有的"三心二意"。千万不要小看这5点，在投资过程中，要注重资产配置，就必须有"三心二意"。没有信心，怎么能够迈出投资的脚步？没有恒心，怎么能够坚持不懈呢？没有耐心，怎么能够等到收获的那一天呢？如果投资意图不明确，又如何确定自己的投资方向？如果意志不够坚定，又怎么能全心全意地贯彻投资计划，稳定获利呢？因此，投资必须"三心二意"。

第二章
相信自己配得上更多的金钱

做好规划，冲击高薪

为了能够打理更多的本金，能够为自己提供更多的投资理财盈利的机会，我们都希望自己能够拥有高薪的工作。可以说，高薪是每一个工薪族梦寐以求的目标，但如果在追求高薪时不得其法，可能就会走一些弯路，甚至会到处碰壁。因此，要想找到高薪职位，需要从一开始就做好规划，这样才能够让自己顺利冲击高薪。

王金义是某外企的项目经理，他只工作了三年，年薪便已达20万元以上，对于自己的职业发展，王金义颇感自豪。"正是因为提前做好规划，所以我才能够在短短三年之内冲到这么高的薪水。"他说，"我们本科刚毕业的时候，很多知名外企都到校园招聘，进京或是进沪，户口档案都能直接调过去，月薪一般在四五千元。如今，我们班考研的那批可惨了，工作越来越不好找，户口档案基本上无法调动，薪水更不高，更糟糕的是现在房价还越来越高！"

在王金义看来，正因为自己在毕业之前就提前做好了规划，所以，在班里那么多人都在准备考研的时候，他毫不犹豫地放弃考研选择直接参加工作，避开了越来越紧张的就业形势，让自己走对了第一步。而之后他也一直按照自己的规划一步一步往上走，才让他得以刚刚工作三年就拿到了20万元的高年薪。

从王金义的经历中，可以看到，想要冲击高薪，提前做好规划是很重要的。在我们身边，来来去去的同事也不少，他们总是因为觉得在公司工作没什么意思就辞职走人，有的甚至连辞职后干什么都没有想好就走了，然后让自己的职场生活处在一种空白的阶段。这样"休息"了一段时间之后，再去找工作又只能从头干起，这样，如何冲击我们想要的高薪呢？如何给自己提供高额的理财本金呢？

美国作家雷恩·吉尔森在其职业规划丛书《选对池塘钓大鱼》中写道："生存的问题是需要发展来解决的。如果我们将着眼点始终放在生存上，也许就永远停留在维持生存的状态；

如果一开始就关注发展问题，我们就将迈入崭新的人生境界。所以不能为了工作而工作，为了赚钱而工作，我们需要用发展的眼光为工作和生活提前做好规划。"

林晓娟从学校毕业之后，先后做过服务员、保险业务员、家电促销员等工作，频繁地更换工作使她多少感到有点力不从心。在外人眼里，小林每个月都拿着一份不算太好也还马马虎虎的薪水，还算是个全才，以为这丰富的工作经历会成为林晓娟求职的加分点，但是她的每一份新工作的薪水总是不上不下。而随着青春的渐渐逝去，她日益意识到自己的职业发展身价也在不断下跌，想要拿高薪的机会越来越渺茫。

林晓娟就是因为没有提前做好规划，不知道自己适合哪个行业才会让自己从事这样多的而且彼此不相干的工作。这对她冲击高薪的目标一点帮助都没有，因为从一个行业转到另一个不同的行业去工作，别人不会把我们当作有工作经验的人来对待，只能够按最低的工作水平来定工资。如果总是从这个行业换到另一个行业去工作的话，就很难获得高一点的薪水，这样就白白浪费了之前的工作经验了。

如果提前做好工作规划，让自己在一个目标的指引下，在一个行业里一步一步地往上走，当我们达到高峰的时候，薪水必然也会随着职位不断上升，这样，可供我们打理的钱财也就逐年增加。所以，从学校毕业的时候，不要盲目地去寻找工作，而要提前做好工作规划。

那么，该如何做好工作规划呢？

首先，要结合自己的专业、兴趣和特长，尽量在自己喜欢的行业里发展，这样在工作中才有积极主动的上进心；其次，应当考虑市场对人才的需求量，将自己打造成为市场紧缺性岗位所需要的人才；再次，要选择那些在可预见的未来不会消失，且能够持续而快速发展的职业；最后，还要看这份职业是否有无限发展空间，能不能帮助自己实现物质和能力的不断提升。

如果能够做到这几点，那么我们的工作规划会带领我们更早到达高薪位置，为我们提供更多的理财本金。

想办法找到属于自己的赚钱密码

俗话说："不管是黑猫、白猫，能抓到老鼠的就是好猫。"对工薪族而言，也并不是只有穿西装打领带的才是正当职业，福布斯曾经公布美国最新的400大富豪名单，其中许多富豪所从事的工作可谓五花八门，包括制造卫浴设备、卖沙拉酱、销售杀虫剂，还有卖吹风机等工作。不管从事什么职业，只要能够找到自己的赚钱密码，让自己赚到源源不断的薪水就行了。

很多年前，网上到处流传着一位"80后"的美女辞去了人人羡慕的银行职员的工作，去当月嫂的故事。这个故事的主人公叫高英，她在大专毕业后，就到银行工作了，但是因为讨厌银行枯燥乏味的工作，她竟不顾亲友反对，毅然辞了工作，回到青岛当了一名月嫂。

她说："刚毕业我就结婚了，蜜月的时候就怀了宝宝，自己边学习边照顾宝宝。看的育婴方面的书多了，便喜欢上了这一行。我在上海工作了一年，觉得银行的工作十分无聊，便带着孩子回到青岛。后来接触了月嫂这一行，竟然坚持做了下来。一开始回来做这行，心里也有落差，家里父母也不理解，他们总觉得坐在办公室当白领才是好工作，可我权衡了一下，工作压力和收入并不成正比，我还不如从事自己喜欢的工作，并且月嫂收入也不低。"

从高英的话中我们可以体会到，高英非常喜欢自己后来选择的月嫂工作，这个工作的收入也的确不低，而且兴趣必然能够激发更多的工作热情,这样高英就能赚得更多。从她的身上,我们可以看到,找到自己的赚钱密码是多么的重要。

一个人只有在他所挚爱的职业中充分发挥自己的能力时,才能更快地取得成功,而工作成功是高薪的基础。我们应该清楚地了解自己,这样才能找准自己的位置。找出符合自己的职业兴趣、充分发挥我们专长的职业,就等于找到自己的赚钱密码,能让自己轻轻松松地赚到更多的钱。

著名职业经理人、惠普前全球副总裁孙振耀曾说:"如果你对工作有兴趣,你就会有激情,你就不会为钱而努力,而是为理想而努力,到那个时候金钱自然也会有。所以说做任何事情,激情是第一位的。"可见,兴趣能给人带来工作激情,进而做出卓著的工作业绩。这就需要我们尽可能像高英那样,找到自己的工作兴趣。

那么,我们如何找到自己的赚钱密码呢?

要想找到属于自己的赚钱密码,让自己在工作上轻轻松松地赚大钱的话,可以通过两个方法来实现。

第一个方法,找到自己最大的梦想,让这个梦想一直支撑我们的工作。既然是最大的梦想,我们就不可能一蹴而就,这就需要我们先完成一些责任,找出自己最突出的成功特质。比如,专业对口的工作,或是以自行创业的方法来换取最高报酬。

另一个方法,如果现在从事的工作一直不能让我们开心,甚至无法赚到生活需要的钱,那倒不如反过来,辞去这样的工作,然后去找到自己喜欢的行业。因为我们都明白了这样的道理:从事自己喜欢的职业,不但不会觉得辛苦,财富反而会随着我们的热情而来。找到自己喜欢的职业之后,工作热情自然会被激发,这样,金钱自然而然地就来了。

找准定位,身价决定你的"薪"情

没有人不想得到一份高薪,虽然得到一份高薪会受到多方面的制约和影响,可是能否得到高薪最根本的因素还是我们自身的价值。如果自身价值很低,给我们发薪水的也不会傻到给我们过高的薪水,即使他一时糊涂,最终还是能够发现并及时纠正自己的失误。而有的人自己却过低地估计了自己的身价,申请了相对低薪的工作。要知道,只有找准了定位,才能够拿到我们应该拿到的薪水,可以说,身价决定我们的"薪"情。

郑新涵是一所名牌大学的毕业生,因为有着学校品牌做后盾,自我感觉良好,所以在找工作的时候对自己定位很高,专挑那些世界500强的公司去面试。后来他终于如愿进入了其中一家公司。由于他面试的时候表现很好，加上他的名校背景，公司给他提供的底薪是全公司最高的。但是工作一段时间之后，他就觉得公司对他有看法，觉得自己的工作能力达不到老板期待的那样。

果真，一年之后，公司找了个借口把他的底薪水平往下调了，甚至还把他下放到基层部门，说是公司有安排他挑大担子的打算，让他到基层锻炼。但是公司的这个安排很伤他的心，他去跟老板理论，没想到领导只给了他一句话："你还真把自己当成一个人物啊，就你那点能力连现在的薪水都不配。"

郑新涵因为自己是名牌大学的毕业生，对自己的定位过高，以致在他得到工作之后却没有能力达到最初给自己定位的水平。没有公司愿意倒贴钱去养员工，如果员工不能给公司带来利润，不管这名员工自身的条件多么好，对公司来说，都没有存在的必要。可以说，郑新涵在工作上遇到的不愉快都是由于没有找准自己的定位，不理解自己的"薪"情是由自己的身价来决定的道理。

其实对于郑新涵这样高估了自己的身价，给自己的定位过高的情况还算是比较幸运的事情，毕竟给他的薪水很多，这给他的投资理财提供了更多的本金。如果他能够在得到这样的机会中抓紧时间提升自己的能力，让自己符合那份高薪水平，那么，他就能够一直享受到这样高的待遇了。而很多不幸的人却因为胆小谨慎，给自己的定位过低，以致让能力很高的自己只能拿到很低的薪水。

苏晓彤现在已经是公司策划部门的主管了。想起当初进公司的时候，她还是很后悔当初给自己的定位太低了。

当时她觉得自己刚毕业，是行业的新人，就没有要求过高的工资。但是她进入公司之后，不到两个月时间，就已经独立完成了四五个策划。领导还安排她和另一个文案一起工作，在合作中，她发现那个文案的能力很差。她说："有一次我们一起做一个楼书，我写后四个部分，她写前四个部分，然后合在一起给客户看，客户看了，说不行！要修改，修改的全部是她写的那部分。"然后领导还让苏晓彤来修改那些内容。这样的情况在她们的合作中不止一次出现，问题是，这个文案的工资却比苏晓彤高了很多。她当时很不平衡，自己干那么多活，成绩几乎都是自己挣出来的，自己反而比别人拿得少。

她说："所幸当时我挺过来了，一直忍着，过了试用期的时候，我大着胆子要求公司给我提高工资水平。"由于她在试用期工作成绩很优秀，公司为了留住人才也答应了她的请求，也就有了现在已经成为部门主管的她。

从苏晓彤的经历中我们可以看到，如果我们自己都低估了自己的价值，就更不能奢望别人高估我们。给我们发薪水的人，很大程度上是参考了我们对自己的"定价"，所以在找工作的时候要评估自己的实力，做出准确的定位，找到合适的企业，发挥自己的专长，如此一来我们的身价自然就上去了，到时候还怕薪水不跟着水涨船高吗？还怕没有供我们理财的本金吗？

总之，我们要想拿到高薪，必须给自己定好价。当然，这个价格必须是合理的，如果我们的"成本价"只有10元，却非要把自己"卖"到上万元，那显然是不合理的。

做限量商品，用专业让自己赚得更多

有很多专家，懂得很多，但是赚得很少，因为他们只会钻研自己的专业，而没有把自己的专业跟经济挂上钩。既然想要理财，就不能白白浪费了专业能够带给我们的经济效益。

就像比尔·盖茨靠的是计算机软件，史蒂文·斯皮尔伯格靠的是特效电影，而罗德瑞克靠的是标榜自然化妆品的美体小铺。物以稀为贵，如果我们某一方面的技术只是一般水平，这样的人天底下多的是，就不能称为"稀"，也就"贵"不起来。相反，如果我们的某一项专业技术精通到很少有人能与我们相比的地步，那我们就可称得上"稀"了，也就是限量商品了。

要使自己成为某一方面技术的稀少之人、珍贵之人，使自己的身价倍增，办法只有一个，那就是刻苦学习专业知识，认真钻研专业技能，务求弄懂它，弄通它，精通它，成为这一领域的佼佼者。这样，何愁拿不到高薪！

从另一个角度来说，就是干一行，爱一行，精一行，只要努力，就会有收获！除非实在厌恶了某个行业，否则最好不要轻易转行。因为这样会使我们中断学习，降低效果。每一行都有其苦乐，因此我们不必想太多，关键是要把精力放在工作上，要像海绵一样，广泛吸取这一行业中的各种知识。

另外，专业进修班、讲座、研讨会也都要参加，也就是说，要在所从事的行业中全方位地深度发展。假若我们学有所精，并在自己的工作中表现出来，我们必然会受到领导的重视。那么怎样才能尽快在本行中成为专家呢？

首先，应该选定最适合自己的，最能将自己的优势展现出来的行业——我们可以根据自己所学的专业进行选择。当然，在很多情况下，我们也许没有机会学以致用，学非所用的情况很常见，但这并不妨碍我们成为自己所从事的行业中的佼佼者。所以，与其根据专业来选，不如根据兴趣来定。

其次，要把最初的工作经历当作一种再学习的机会。除了多向同行请教以外，还可以收集各种书刊、杂志的信息，从多种媒体渠道获得需要的知识。如果时间允许，参加专业进修班、讲座、研讨会等都是不错的选择，也就是说，我们应该打定主意，一门心思在我们所从事的这一行业中谋求全方位、深层次的发展，而不是得过且过地混日子。

可以把学习分成几个阶段，并限定在一定的时间内完成一定量知识的学习。这是一种压迫式的学习方法，可以逼迫自己向前进步，也可以改变自己的习性，训练自己的意志。当然，我们不必急于功成名就，但一段时间之后，假若学有所成，便可以开始在工作中展示自己学习的成果，从而引起他人的注意。当我们成为专家后，身价必会水涨船高，也用不着我们自抬身价，这便是我们"赚大钱"的基本条件。因为我们不一定能当老板，但有了专家的身份，人人都会看重我们。

不过，成为专家之后，还必须注意时代发展的潮流，并不断提高自我；否则，也会像其他人一样原地踏步，专家之色也会褪掉，薪水自然也会变得平庸。

在自己的工作上获得成功

要想让自己成为富有的工薪族，最重要的就是要在自己的工作上获得成功。没有一个知名的富人在自己的事业上是一个失败者而最终还成了一个富翁。当然这里所说的成功并不是众人高歌的功成名就，而是在自己的工作岗位上干出成绩。只有干出优秀的成绩，才能够拥有更加丰厚的薪水，才可以为我们的理财提供更多的本金。

海伦在一家公司当速记员，有一天，她正在收拾东西准备下班回家看球赛，附近一个公司的律师过来问她哪儿能找到一位速记员来帮忙，他手头有些工作必须当天完成。海伦告诉他，公司所有的速记员都去观看球赛了，如果晚来五分钟，自己也会走。自己愿意留下来帮他，因为"球赛随时都可以看，但是工作必须当天完成"。

做完工作之后，律师问海伦应该付她多少钱？海伦开玩笑地回答："哦，既然是你的工作，大约1000美元吧。如果是别人的工作，我是不会收取任何费用的。"律师笑了笑，向海伦表示谢意。

海伦的回答不过是一个玩笑，并没有想真的得到1000美元。

但出乎意料，那位律师竟然真的这样做了。6个月后，在海伦已将此事忘到九霄云外时，律师找到了海伦，交给她1000美元，并且邀请海伦到自己公司工作，薪水比她原来的薪水高出1000多美元。

海伦就凭着自己这一次的"偶遇"让薪水一下子增加了1000多美元。大家都知道，海伦是一个速记员，如果她的工作能力不行，即使她再怎么热心帮忙，相信那个律师也不会高薪聘请她去自己的公司。从另一个方面来说，这也就反映了海伦在她的工作领域里算是成功的。她把自己的能力向这位律师展示之后，得到了律师的认可。所以，如果我们也能够在自己的领域里得到别人的认可的话，我们也会得到像海伦那样的加薪待遇的。

周晓峰是出生在农村的孩子，大学毕业之后，分配的公司待遇不好，并且没多久就倒闭了，之后他去一家商务公司应聘做业务员，推销投影仪。为了让自己家里人能够过上好一点的生活，周晓峰就拼了命地去干，别人不肯接的难缠的客户，还有处于远郊的客户，他全都接过来，签了单，还维护得有声有色，不仅给公司树立起前所未有的品牌形象，还扩充了公司的客户资源，以至于很有资历的老业务员业绩都没有他好。

他周末从来不休息，除了整理自己的客户资源，还要四处走动，挖掘潜在的客户，和他们处好关系。毕业后第一年，他终于告别在地下室居住的时代，用所有的积蓄付了买房的首付款，并把父亲、弟妹都接过来。后来他还用自己赚到的提成，投资了股票，虽然赚得不多，但聊胜于无。后因为自己手头拥有很多客户的资料，又维护得好，就出来自立门户了，自己打理着自己的公司，日子过得也不错。

从周晓峰的身上可以看到，虽然最初给别人打工，赚的远远比不上自己为公司赚得多，但是，如果能够在工作上取得成功，也会为自己今后的成功扫清障碍，铺平道路。

看看周晓峰，在那家商务公司当业务员的时候，不管条件多么难缠的客户都接，还很积极主动地利用自己的业余时间为公司开发新的客源，并且在维护这些客户的关系的过程中，取得了客户的信任。之后他自己开公司，就已经拥有了自己的客源。这就节省了他创业开拓市场的环节，也为他节省了大笔的资金，让他又可以用这笔资金为自己带来更多的收入。

想要成功也不难。当我们下定决心要取得成功时，它就变成了我们生命中最重要的，这样，我们就会珍惜自己的工作。

只有珍惜才会长久地拥有。很多人无视自己所拥有的，总去追求那些并不是自己真正想要的东西，直到失去本来拥有的工作时，才懊悔不已。对工作，我们一定要懂得好好珍惜，要把心思集中在干事上，把本领用在本职工作上，这样才能全面实现公司与个人的双赢。

对每个人来说工作是很重要的。它不仅仅是自尊及成就感的来源，也是收入的来源。我们应该庆幸自己拥有一份工作，更要全力以赴把工作做好。

踏实工作，让收入平稳增长

对于很多人来说，工资是理财的本金，是理财的基础。由此可以推断，工作是我们理财的关键，这就需要我们踏实工作，让自己的收入平稳增长，给自己的理财生活提供一个更好的基础。

很多人一听说投资理财会有非常好的收入回报，就产生了这样的想法："如果我专门研究投资理财，说不定我会赚得比老老实实工作多。"确实，用钱赚钱比人赚钱更为轻松容易，但是我们要明白，如果没有什么钱可理，哪来什么收入回报呢？所以，为了能够拥有更多的投资回报，我们首先还是要踏实工作，先确保自己的收入，才能让自己有财可理。

第二章　相信自己配得上更多的金钱◇

踏实工作是正确的价值观，只有工作才能换来收益。我们如果创造不出价值，那谁会给我们开工资呢？要想创造出价值，踏实工作是必需的。没有一项工作是三心二意就能完成的。我们需要踏踏实实地工作，才能够出成绩，只有干出了成绩，才有机会提升工资。要知道，在理财的道路上，我们的可理之财越多，积累的财富也就相应越多。只有踏实地工作，不要整天做白日梦，觉得自己即使没有工作也能够通过投资理财获得收入。

吉姆·罗杰斯是一个投资大师，但是他照样没有放弃工作，没有仅依靠投资收入来生活。

吉姆·罗杰斯从学校毕业之后就去军队里服役，役期满之后进入华尔街工作。1970年，吉姆·罗杰斯与索罗斯创建量子基金，名扬投资界。这个时候，罗杰斯除了经营自己的股票外，他还兼任哥伦比亚大学商学院的教授，讲授金融课程。此外，他还在哥伦比亚广播公司和其他多家媒体担任节目主持人。他经常会忙到凌晨三四点钟。平时外出，他都会随身携带笔记本电脑，以便随时接收文件，处理问题。

吉姆·罗杰斯回忆说，对于他的投资之路，父母并没有给他提供太多的经济支援，而是总在告诫他，赚钱不容易，要努力工作赚钱，拼命存钱。

从吉姆·罗杰斯的身上，我们可以体会到工作赚钱的重要性。像吉姆·罗杰斯这样一位世界知名的投资大师，仍然踏实地干自己的工作，并没有因为自己的投资取得了非常好的回报就放弃了工作。作为普通人的我们，也应该重视自己的工作，努力工作赚钱，拼命存钱。

钱需要努力去赚，然后还需要努力去打理，这样的过程才是正确的。对于我们来说，第一笔财富的积累，自然就是每个月的薪水了。薪水的高低，决定了我们是否可以拿出更多的钱投入理财计划中。

如果总是以"做一天和尚撞一天钟"的态度来对待工作，终有一天，我们会因为自己的工作没有什么成绩而被公司开除，这样，就会断了我们的收入来源，这个时候再说投资理财也是难上加难的事情。工薪族一定不要忘记了一点：工作是我们主要的收入来源。要想通过投资理财发大财，首先需要获得高薪水，踏实努力地工作是必不可少的。

自古以来，金钱只会往勤劳的人身边聚集，看如今那些成功的富翁们，无一不是靠个人奋斗取得成功的。而那些有幸继承了大量财富的人，如果自身没有努力工作，没有用心去打理自己的财产，只知道挥霍的话，他们很快就会沦为穷人。

所谓一分耕耘，一分收获，只有辛勤工作才能换回踏实的成果。所以我们要踏实工作，努力让收入逐年增长。当然，所提倡的努力工作并不是"两耳不闻窗外事，一心只读圣贤书"，努力工作不是埋头傻干，是需要头脑和思考的。同样的时间，同样的辛苦，如果再加上一点思考在里面，那么收获将有可能事半功倍；否则就有可能事倍功半。

这就要求我们聪明工作，智慧处事，让自己的工作更有效率，通过踏实和勤奋而非投机取巧的手段来达到加薪的目的，这样既锻炼了自己的能力，也为理财提供了更丰厚的资本。

不要因为枯燥而放弃上班

每天都在同一时刻起床，坐着同样的交通工具上班，每天看到的人和所做的事也都是重复的，甚至还得工作到很晚才能回家。周末好不容易有个空闲的时间，却又全都用来补觉了。这几乎是所有工薪族生活的写照。很多人因为觉得这样的日子过久了很是枯燥就放弃了上班。其实这样的做法是非常不明智的，也会让我们失去一些积累资金的机会。

王小军和苏童是大学同学，他们俩毕业之后就一直从事制造业工程师的工作，已经工作3年了。对于制造业工程师这个职位，他们两个人都觉得工作的内容枯燥单一，也很清楚不适合自己的性格。对于这样的情况，王小军选择了继续自己的职业，继续培养自己对这个职位的兴趣，期望有朝一日可以往自己喜欢的管理层发展。

而苏童则选择了放弃这3年的积累，跳到了自己喜欢的媒体行业。但是，由于他在媒体行业是一个新人，虽然他已经工作了3年，但是他对媒体行业的工作等于是零经验，所以，在他入职的时候，新公司只能给他提供应届毕业生的工资水平。薪资待遇远远比不上以前那个职位，而且还承担了更大的生活压力，因为新工作的薪水远远赶不上之前的工资。看着王小军还是过着以前那样的生活，苏童心里很不是滋味，有时就会不由自主地怀疑自己的选择是不是正确的。

为什么苏童会怀疑自己的选择？是因为他做出这样的决定之后，生活反而没有之前过得好。不说别的，就从理财角度来说，工资是理财最重要的资金来源，而苏童因为觉得自己的工作枯燥而选择离开之后，新就职的职位虽然是他喜欢的行业，但是工资却只是应届毕业生的水平，与他之前的工资相比大大缩水。这对他来说收入减少了，可以投资理财的资金就少了。

而王小军的工作虽然继续枯燥，但是由于他已经工作了3年，经验的积累让他的薪水的起点更高，也就是说他的收入是保持正方向发展的。如果他以后能够转型成功，他也能够利用之前3年的工作经历，这样他的薪水还是可以保持较高的水平，而不会遭遇苏童那样的待遇。所以，如果觉得自己的工作很枯燥的话，可以从他们两个人的身上获得经验和教训，然后再慎重做出选择。即使苏童以后一直在媒体行业发展，但相对于同龄人来说，他还是晚起步了3年。别看这3年的时间不长，但是其所能够产生的财富效应是很大的。

所有的工作干久了都会进入一种重复的模式，如果我们总是因为觉得枯燥就放弃上班，那么，根本无法在一个工作岗位上待上很长的时间，就要不停地换工作。如果换工作不顺利，我们的收入就会中断，而生活还需要继续，要消耗我们的资产，这就会让我们的资产减少。所以，当我们觉得自己的工作很枯燥的时候，就算算这笔账，除非我们能够保证我们的离开对自己积累资金没有什么影响，否则，还是想办法培养自己对工作的好感比较明智。

第三章
会花钱也要会省钱,过好日子才不难

学点必要的财务知识

汇丰人寿曾公布的一个调查显示,在家庭日常管理方面,全球有37%的女性受访者表示,家庭日常支出管理主要由她们负责,略高于男性受访者的34%。而在这项调查中,中国女性的比例达到38%。不过,虽然更多的中国女性担负着家庭理财的重任,但在关于受访者掌握财务规划专业知识程度的调查选项中,中国仅有4%的受访者认为他们精通财务规划之道,其中,女性受访者的比例更是低于1%。

对此,汇丰人寿首席执行官表示:"调查显示,中国受访者精通财务规划专业知识的程度普遍不高。尽管多数拥有财务规划,但财务风险依然存在。30~49岁的人群通常承担更多的家庭责任,包括应对家庭潜在的财务风险、子女教育储备和父母赡养等,然而,他们中近40%没有人寿保障,并有超过三分之一接近退休年龄的受访者没有退休养老规划。"

从这个资料中我们可以看到：想要理好财，就要懂一点财务知识。虽然财务规划专业知识看起来是会计财务之类职业的人士才会懂得的，一般人群很少接触，但是，它对理财成效会有很大的影响。想要开始理财，最好先学习一些财务知识。

在美国职业篮球联盟，大多数球员每年的收入都可以达到上百万美元。但他们是有钱人吗？大多数球员看上去都非常有钱，但关键并不在于他们赚了多少钱，而在于他们如何支配自己的收入。

《多伦多明报》发表的一篇文章指出，一名NBA球员工会代表在参观多伦多猛龙队时就曾警告球员们要节制消费。他提醒这些球员，60%的退役球员在失去作为NBA球员的可观收入后5年内即宣告破产。

为什么会出现这样的情况呢？这是因为大多数NBA球员一心只关注自己的球技等与篮球相关的事情，缺乏财务知识，所以对于自己的财产，他们只知道自己的收入是多少，至于花出去了多少则毫无概念。可以说，他们的理财意识极差，甚至根本就没有，因为，高中教育没有帮助他们为理财做任何准备，更不会告诉他们关于个人的一些财务知识。

其实我们很多人也跟NBA球员一样，上学的时候没有接受过任何关于理财的财务知识教育，所幸现在的学校都已经意识到这一点，有些学校已经把理财的课程加了进去。为了避免自己没有了工作就等于破产，我们应该从现在开始，通过各种途径学习一些财务知识。

当然，如果我们的人际关系非常好，可以请教公司或者单位财务部门的同事，他们的财务知识是非常专业的。另外，也可以多看相关方面的书籍。现在市场上关于理财方面的书籍很多，对于一般的理财财务知识也会涉及，也可以看看这类的资料。

要知道，我们现在所处的时代比以前不确定因素更多，在未来的25年中我们可能会经历多种兴衰起落，所以非常需要学习财务知识，做好财务规划，让自己的生活不至于因为经济状况的不稳定而大起大落。现在很多人仍然过多地关注钱，而不是他们最大的财富——所受的教育。如果灵活一些，保持开放的头脑并不断学习，学习更多的理财知识，我们将在这些变化中一天比一天富有。

把预算放在第一步

"预算"这个词给人感觉不是很好，因为它很不幸地总被大家认为是乏味又耗时，还要处处限制人的一种东西。不可否认，有很多人不喜欢做预算，尤其是年轻人，而且预算似乎确实意味着在消费时不得不做许多重大妥协。然而，尽管一些小小的妥协是无可避免的，预算事实上非但一点不乏味，还具有根本性的意义。一个精明的预算是迈向理财成功之路的关键性的第一步，没有它，就无法洞悉钱的来源和去路，所以，我们应该把预算放在理财的第一步。

王静燕是一个单身白领，在一家公司当会计。因为职业的习惯，她对自己生活中的资金也都是提前做好预算。就拿她的2021年的年终奖1万元来说。拿到这笔钱的时候，她并没有像其他同事那样兴高采烈地去商场买自己心仪已久的衣服、箱包或者笔记本、手机，而是先细细地做起了预算。正好有个春节长假来临，她就打算把自己的年终奖花掉，而且要花得有意义有价值。

王静燕一直想去云南旅游，她正好可以利用春节长假，拿着这1万元的年终奖去云南旅游一次。因为她有一个好朋友在丽江工作，所以她就把目的地定在丽江，这样她可以在好朋友那里借住，节省住宿的费用。而且因为提前准备，还可以买到比较便宜的机票，所以，她在车费和食宿费上安排了3000元，这样她还有7000元。

她想要让自己这1万元的年终奖花得有意义，所以就想在云南找一个失学的儿童帮助他重返校园。为了让孩子各方面的资料都能够备齐，她决定拿出2000元资助他上学，然后在新的一年里，每个学期都资助他的学费，这样，她还剩下5000元。

那么这5000元应该怎么安排呢？王静燕在心里还打起了小算盘，云南有那么多有特色的东西，如衣服、饰品，如果她能带些回来，卖给身边的同事和朋友，那么不仅可以旅游，说不定还能小赚一笔。所以，她就决定用5000元买具有云南民族特色的衣服和饰品，回来之后可以加至少20%的价钱卖出去，这样她至少可以赚1000元。

于是，按照预算，王静燕的云南之行过得非常高兴，而她从云南带回来的衣服和饰品很受同事和朋友们的欢迎，有的甚至以高出原价一倍的价格卖出去了，所以她又有了一笔不小的收益。

因为王静燕做了年终奖的预算，所以她的年终奖花得都非常有价值，而不是随随便便就拿去犒赏自己了。她用这笔钱圆了自己云南行的梦想，也让自己实现了帮助一位失学儿童重返校园的美好愿望，更让自己小发了一笔财。

可以说她的云南之行连3000元都没花了，多经济实惠啊！

如果在平时的日常生活中,也都先做好预算的话,我们也就能够控制好自己的支出消费,让自己的消费更加合理。

那么,应该如何做好预算呢?

想要做好预算,可以先计算公共支出、固定支出、季节性支出,再计算平均变动支出,并以此预测每月或每年的必要支出。通常,一个人的支出水平在短期内不会有大幅度的变化,所以预测支出的计算每年只做一两次就可以了。新的一年开始的时候,要对自己的生活进行预算,像有些大的花费,如购房、购买大件家具、电器,送孩子上大学、旅行,等等,这些都需要比较大数目的钱。另外,还要考虑储蓄、投资等。

一般来说,工薪一族的公共支出部分是已经固定的,每月在发工资之前,这些支出由公司按政府规定的比例代扣,所以很容易预测每个月支出了多少。可以说,我们可以不用费心这部分的预算。固定支出指的是每月(或定期)必须在指定的日子交纳的费用,这个费用基本没有什么变化,所以也很容易预测每月的支出是多少。

而在日常生活中,变动比较大的支出是我们的日常饮食、偶尔外出吃饭的费用、服装费、交通费、娱乐费用等。这些主要用于生活费的支出,和公共支出或固定支出不同,根据每月的开销情况,变化的幅度会大一些。

因此，根据个人的消费倾向或生活环境，可以很容易预测每月所需的支出是多少。换句话说，这项支出可以根据个人的意志稍做调整。

有了这个预算，也就可以控制我们冲动的即兴购物，不让自己陷入不自觉的消费扩张，甚至可以避免进一步动用循环利息。

有了预算，不但可以因此而得到满足感，更可以证明自己能持之以恒地储蓄而获得成就感，逐渐摆脱月光族的命运，为未来的人生计划多做些储备。

远离不良消费习惯

曾几何时，许多专家大呼超前消费的行为值得世人效法，称之为"人不为钱所累""变钱的奴隶为钱的主人""花明天的钱享受当下生活"是值得提倡的消费观。如今，经历过经济危机的摧残，西方各国金融机构对贷款的门槛有所提高，不再像以前那样对贷款采取放任自流的态度，"花明天的钱"也逐步退热。

现实生活中，我们依然可以不时地看到身边钟爱贷款消费、信用卡透支消费的"花明天的钱"的工薪族，他们的固定收入其实并不多，花起钱来却总是毫不手软。可同时，对他们来说，每个月发工资的日子是最值得期盼、最令人开心的日子，甚至前脚刚发完工资，后脚就惦记着下个月的工资。当然，钱一到手首先想：工资到手了，该怎么用？于是，下了班就飞奔商场、超市，买好吃的、想穿的、要用的；这边拉上同事逛个名牌店，那边拉上朋友唱个歌……

薪水发了没几天就成了月光族，严重入不敷出，又开始大借外债，向朋友借，管家里要，信用卡透支，今天的钱不知道怎么就花没了，居然要花明天的钱来填补这个无底洞。

现在各国"花明天的钱"引发的种种危机日益增多，这种"花明天的钱"的生活方式让工薪族成了明天的钱的奴隶。对于"花明天的钱"，我们应该有理性的认识和做法，要能够深刻意识到这种生活方式的危害。

平面设计师小李是工薪族，月薪8000元左右，2020年按揭买下了老家一套两居室和一辆斯柯达晶锐。买车初期，新鲜劲儿还在，经济上的账也没仔细算过，时间一久，问题开始出现了。从油费、保险费、养路费、车位费到保养费成了小李无法回避的负担。房子和车子的月供达到了4000多元，此外还要应付家里的开销，小李的信用卡几乎每个月都会透支，而每个月小李也都在为还钱纠结。小李就这样一跃成了"负产阶级"，也是典型的"花明天的钱"的人。为此，小李苦恼不已，对于自己这种不良的习惯更是后悔不已。

2021年年初，小李将车子出租出去，开始坐公交车和地铁上下班，并开始有计划地支配自己每个月的工资，从出租汽车开始，每个月都把家里每一项支出、收入详细记录下来。家中的开支也让妻子进行了大手笔的改革，注销了几张信用卡，尽量不透支信用卡，当月的工资当月用，绝不提前消费掉。半年下来，小李和妻子发现，两人不但不再为还贷、还信用卡账单烦恼，反而有了几万块钱的积蓄。

面对这个物欲横流、消费大热的社会，就要先从改变、远离"花明天的钱"的不良习惯开始。要改变这些不良的习惯就要培养理财意识，将自己"花明天的钱"的想法断绝，不要以为自己的工资在未来十几年内是稳定的，甚至有水涨船高的趋势，就早早贷款买房、买车，对自己的工资总是保持乐观心态而没有理财的习惯。

逛商场总有大款的架势，一身名牌，一堆信用卡，钱包里的现金似乎总是没有空过，殊不知这是在用明天的长久安乐为今天的一时快感埋单，是在"花明天的钱"。这种生活方式和态度决定了我们的财务状况一团糟。

我们必须掌握好金钱，在做金钱的主人的同时，避免"花明天的钱"，远离这种过时的、不良的习惯。

先学会怎样花钱

对于我们大多数人来说，有工作就有机会赚到钱，没有工作就等于没钱。但是我们也知道，一个人的精力是有限的，我们不可能无止境地工作下去，而且一天24小时，总得有休息时间，另外从事的工作不同，所得到的收入也不一样。当然，谁都喜欢从事高回报的工作，但在现实生活中，并不是想干什么工作就能够干什么工作的。在这种种条件的限制下，我们能够获得的收入非常有限，而要想利用这有限的收入来致富，那就需要我们先学会怎样花钱了。

何心蕾在硕士毕业之后在一家合资企业上班，工资也不低，但是她却花钱大手大脚，没有计划，每个月的工资都花光，是一个实实在在的月光族。她喜欢淘宝，喜欢名牌，毫无计划地花钱，所有的钱基本都花在衣服和电子产品上面，从淘宝上买衣服，一买就是一堆，很多衣服才穿过一次便扔到箱底，有的甚至完全没有穿过。有时她的男朋友也会劝她，不需要的东西就不买了，可是何心蕾反驳说："我自己挣钱自己花，你没资格教训我。"话虽然是这样说，但是何心蕾却经常在网上买书，每次都是十几本，几百元钱，把书寄到男朋友的单位，货到付款，都由她男朋友埋单。就这样，即使何心蕾已经工作三年了，她还是没有一分积蓄。

男朋友在家里生意破产之后，就一直想靠自己工作致富，减轻父母压力。但是他一年的收入也只有十几万元，平时节约一点，年底也可以存个10万元的。为了挣钱，他经常加班；为了省钱，他有时都舍不得打出租车。但是交了何心蕾这样的女朋友，让他致富的目标一直难以实现，有时他很苦恼。

从他们身上我们可以看出，即使赚再多的钱，如果总是像何心蕾那样毫无计划地乱花钱，赚多少钱都是不够花的。

如果我们在花钱的时候非常爽快，就很容易会搭上月光族这辆快速车，到了月中，就得逼迫自己当"石头"，哪里也不能去，哪里也动不了，真的逼急了，就开始刷卡，要不就开始跟家里要钱。这样，一旦自己没有了工作，我们就只能等着喝西北风了。所以，为了自己的生活不像过山车一样忽高忽低地变换，让自己早日走进富人的队伍，我们有必要学会如何花钱。

那么，如何花钱才能有助于我们接近致富目标呢？

首先，我们要养成一种负责任的消费习惯。像何心蕾那样买了衣服又不穿的行为，是一种非常浪费金钱又很不负责任的消费行为。而当我们需要买东西的时候，如果看到自己中意而又非必要的东西售价"仅仅"为10元时，我们也要问问自己，为了赚到这10元，自己是否愿意到超市去拖地板，或者去捡一毛钱一个的空瓶子。如果答案是否定的，那么我们就不要花钱买那个东西。

其次，我们需要懂得量入为出。如果我们一个月收入才2000多元，却花了1/4的薪水买了一支口红；如果我们的薪水只有2000多元，却花了5000多元买了一台相机。这样的消费必然会导致薪水不够花，而且还会让自己背上债务。

其实，如果我们懂得财富来得不容易，也许就会珍惜财富，就不会毫无目的地花钱了。然而，生活中的不少人，虽然没有腰缠万贯，更没有富得流油，但是花钱却毫无节制。殊不知，一点一滴的浪费都会演变成一种奢侈、浪费的习惯，纵使有再多的金钱，也抵挡不住无节制的消费。为了让自己的日子更好过一些，为了打造出财富人生，我们都需要学习节制消费、节约日常开支的做法，才能让自己的财富之路越走越宽。

不花冤枉钱

很多人抱怨："挣点儿钱那么不容易，花钱却像流水一样快。花的钱值还行，可说不定什么时候，你就会花上一大笔冤枉钱。"

到底怎样才能做到少花冤枉钱，不花冤枉钱呢？

1. 学会节流

对于以固定的工资和奖金为主要收入来源的工薪阶层来说，最合适的理财方式就是节流。

控制支出是最可靠的投资，也是我们获得积蓄的必要条件，更是我们实现财富积累的一个起点。学会节流，能培养你长期理财的观念，让你的目光看得更远，让你的目标更具有现实意义，让你的生活规划更具操作性。

2. 节余是与节流紧密相关的一个手段

节余按照期限划分，一般有月节余和年节余。工薪阶层要对月节余给予足够的重视，如果你的资产积累是有限的，更要好好利用月节余，因为月节余能让你更快速地实现自己的目标。

目前，基金定期定额是实现月节余加速的最佳理财工具。可以根据自己的目标和达到这一目标的预计期限，在市场上选择一种适合自己的定期定额基金品种。

3. 家庭收入和支出要适时记账

家庭收付款项要逐日记账，分日记账和总清账两册。每天重要款项记入日记账，每周再从日记账分类登入总清账。每月结算一次，年终总结一次。

4. 要保证合理的支出消费

家庭消费要合理，在购置用品方面应加以注意。在购买之前，应该考虑到是不是真实需要，家里的旧货是不是可以改造替用。当购买的时候，应当品评货色的优劣，估计货价的贵贱、时节的关系，买到最经济适用的产品。在买时一定不能贪便宜而买那些次品，能够经久合用的，就是价格贵一些也划算。而那些伪劣产品，即使廉价买进，可是如果不合用，或不多时就损坏，而不得不抛弃或修补改造时，便是更大的浪费。

购物不要冲动

冲动性购买，就是指那些没有经过充分了解、比较，也没有经过慎重考虑，看到别人买自己也去购买，或被一些夸大的宣传所欺骗，一时冲动而购买商品的行为。

很多人或多或少都这样：控制不住自己想买的冲动，但是买了又后悔……

那么如何才能避免冲动性购物呢？

1. 要了解市场的现状，不被夸大其词的广告所迷惑

就拿家用电器来说，电视机、电冰箱、洗衣机等产品，有的品牌在市场上供不应求，而一些不具备生产条件的企业为了赚钱，生产假冒次劣产品，坑骗消费者。

对于这些情况，消费者要充分认识，提高警觉，注意鉴别，不要被广告宣传所迷惑。一时冲动购买质量差的产品，过后维修又无法保证，会带来许多烦恼。

2. 购物要有计划，不能盲目

在购物之前最好列个清单，对于要买什么做到心中有数，只有购买了真正需要的东西，才不会因为冲动购物而后悔。

在提前计划好后，也不要急于出手，而是要多转，多留意商场的打折信息，同时多关注日常物品的价格，等到合适时再拿下。

一般情况下，节假日、店庆、开业、重新装修、转让清仓时商店会打折。店庆、开业比节假日打折力度要大，平时一些从不打折的商品或多或少有些折扣或赠品。重新装修、转让清仓时一般打折力度比店庆更大，往往能淘到超值的东西，但要保证自己有足够的时间。

此外，有机会一定要办会员卡，除了享受折扣，而且有打折活动时都会有短信提醒。如果你看上一个很喜欢的商品，但是购买机会少，也可以和朋友借会员卡购买。

3.要学会砍价

买家电或者数码产品时，尽量货比三家，找出报价最低的一家，以这个底价换家商场再讲价。一般情况下，只要价格合理、不赔钱，为了拉住你这个客户，商家会选择让步。

当然，讲价不能太离谱，毕竟商家也要赚钱。如果商家给出一个低得你都不相信的价格，说不定是商品质量有问题。

4.谨慎购买流行商品

流行并不代表永恒，一定要记住这一点，理智对待流行商品。流行商品一般指本年度或本季流行、时髦的商品，多是衣服、鞋类、饰物和一些日用品。

流行商品大多款式新颖、别致，刚推出的时候非常具有诱惑力，价格会很高，而一旦流行风退却后，价格会猛跌。

盲目追赶潮流，购买大量的流行商品是弊大于利的。

首先，容易流行的也容易过时。因为流行商品大多是时尚产品，一旦过时，就会失去其魅力，随之降低或失去使用价值。

其次，流行商品会掩饰一个人的个性。流行商品之所以流行，是因为它迎合了大众的口味，所以过于大众化，穿用起来缺乏个性色彩。如果你十分注意个性风格，这种商品一定要回避。

最后，流行商品很容易出现假冒伪劣商品。当某种商品一流行，就会被大量仿制，其中不乏粗制滥造者，令人真假难辨，购买时稍不注意就会买回劣质假冒货。

所以，对于大规模流行的商品，选购时一定要慎重考虑，避免造成不必要的浪费。

5.谨慎购买打折商品

季末、周末、店庆、节日……都是商家打折的最佳时机。消费者在购物时，要摸清每个商品的打折习惯，一些常年不打折的品牌具有保值性，只要需要，在保证质量的基础上随时可以买；那些总是减价的商品，如果只打8折或9折可以等一段时间再决定是否购买……

在购买衣服时，最好事先对适合自己及家人风格的款式做到心中有数，然后在购买时要注意服装吊牌上的成分和价格，有时有些商品即便打3折，但因底价太高，依旧不划算。

对于高档服装，如皮装、羊绒大衣、西装等，不会一两季便淘汰，可以趁打折时选择适合个人风格的基本款式，可以穿好几季；像衬衫、毛衣、T恤、牛仔裤等百搭的衣服，可趁打折多买一些；名牌店的围巾、手套、丝巾、皮带、钱包等饰物，只要设计风格适合，可多用两季，不易淘汰，可趁打折时买进；套装最好买整套的，同一品牌推荐的一套完整搭配，一般都很不错。

季末打折前可以先注意下季流行趋势，选择颜色、款式时要有超前眼光，在选择时要有方向性，考虑到自己缺哪方面的服装。

另外，在购买打折商品时，消费者还要保持理性购物的心态，不要单凭价格决定消费，而是要注意商品的内在品质。

买车，适合自己的最好

对于年轻的工薪阶层来说，虽然买房子是遥不可及的事情，但是积攒了几年后就可以给自己买辆车了。尤其是在大城市，住处和上班的地方距离很远，所以我们很容易就成为有车族。

有些工薪族买车是为了上班出行的方便，而有些人则是出于攀比的心理，觉得别人有车，自己也要有，不顾自己的经济实力，追求超过自己消费能力的车，到头来，可能被车子压得喘不过气来。其实，买车最好是根据自己的经济实力，选择最适合自己的。

季舒想买一辆代步的车,预算五六万元。他当时考虑买一辆二手车。有同事说,二手车总不好吧。他觉得挺有道理的,于是把买二手车的计划放弃了。他把购车资金从五六万加到八九万。他到汽车城挑车,车子实在太多。导购员说,八九万的车只能算是入门级,如果加上一两万元,就可以买更好的车。

季舒一想也对,自己是工薪阶层,不可能常换车,如果添1万元可以买到更好的车,何乐而不为呢。于是,他把购车资金提高到了10万。但他在选车过程中,发现车子的配置五花八门,空调是不是自动的,有没有天窗,气囊有几个……导购对他说,如果是自动恒温空调,驾驶时会更加舒适。季舒觉得有道理,就按导购员说的选购车……

车子选定后,车价飙升到12万。回来后,和同事聊起这车,但他们说车价有点高了,如果买这车不如再加点钱买辆自动豪华型的,开起来也轻松。季舒考虑了一下,觉得这个建议好。他把所有的银行存款共17万元买了一辆集优点于一身的新车。

季舒每天开着新车,却很忧郁。养车每月需要1000多元,家里没有余钱,心里总是空落落的。前段时间,他的母亲生了一场大病,季舒不得不借了5万元。本以为有了车自己会很快乐,谁知却被这车"套"住了。原先季舒的车每天擦得锃亮锃亮,现在,这车灰扑扑的,经常停在楼下,他能不开就不开,季舒甚至连折价卖车的念头都有了。

　　季舒原本只是想买个代步车，预算也只是五六万元，但是，后来在同事的建议和导购的忽悠下，花了17万元买了一辆远超自己负担能力的车。这个价格远远超出了他的预算，而且可以说是一个非常大的负担，也因为这辆超预算的车让他的生活陷入了一连串的困境中。所以，我们要从季舒的经历中吸取教训，不要想着一步到位，一下子就把大把的钱压在一辆车上。

　　要知道，车是一种消耗品，它需要后续不断地花钱来保养，越好的车，保养费越高。如果月工资只有3000元，却用自己10年的积蓄买了一辆20多万元的车，其保养费每月至少都需要1000元，这样，工资就只能剩下2000元了，这些钱连日常生活都没法应付，更不要说有余钱去投资生财了。所以，千万不要不自量力，购买超出自己负担能力的车。

　　买车，适合自己的最好，如果生活确实需要车，就买自己养得起的车吧。不要为了面子而买那些价格高出自己能力的车撑门面。说白了，车就是一个交通工具，能动就行。

　　没有最好，只有最合适，按照实际需求选择适合自己的车，不但省心还省钱。购车切莫凭一时冲动或人云亦云，尽量排除感性成分。选定车型前，工薪族不妨亲自操驾试开，以亲身感受体验车的各项性能。

让自己变身"用钱达人"

元元最近要搬家，在整理屋子时，居然找出了八件基本没穿过的时装，和九个基本没用过的漂亮包包，还有七双只穿过两三次的鞋，有的鞋连商标都还在。这些东西被遗忘在衣橱角落的时间之久远，元元自己都很惊讶，她根本记不起自己到底何时买了这些东西，就更不用说使用它们了。

其实这些东西大多是元元逛商场时经不起店员甜言蜜语的劝说一时冲动买下的，有时是受不了商家打折的诱惑，还有时是自己看走了眼……买回来之后，她却发现这些物品没有什么用武之地，只好将它们打入冷宫，后来就渐渐遗忘了。虽然现在扔掉这些物品元元觉得确实可惜，不过为了减少搬家的负担和麻烦，也只好忍痛割爱了。

如果我们想生活过得舒适、健康，那么就不得不管好我们的钱袋子，使钱财花得合理。如果没有计划，没有节制地去花钱，即使我们有金山银山，也不够挥霍的，更何况还没有呢？所以，我们要训练自己变身"用钱达人"。

要知道，工薪族的收入是非常有限的，辛辛苦苦一个月，到手的也不过几千块，但许多人消费起来却没有节制，看到喜欢的东西就买，而不考虑自己是否真的需要，于是出现了众多月光族。他们时常因为没钱花而愁苦不已。如果我们想不再月光，就得开始自己的理财之路，量力而行、全面安排、精打细算、讲求实效，克服消费的盲目性、随意性和狭隘性，克服爱慕虚荣、摆阔、攀比和超前消费的毛病。那如何才能不再傻傻地花钱，变身"用钱达人"呢？

1.不能一味地贪图名牌

名牌通常代表高质量、高品位，穿在身上也会使人对你刮目相看。如果为了追求产品的质量而购买一些名牌是可取的，但如果一味地追求名牌，全身穿的都是名牌，只是借此来炫耀阔绰或追求名牌带来的其他什么效应，以求得到心理上的满足，而不顾个人消费能力，那就是非常不理智了。

2.控制贪求廉价的心理

很多人遇到价格低廉的商品，不管自己需不需要，先买了再说，追求购买时的一时心理满足，贪一时之便宜，结果花了很多钱却没得到什么好处。

另外，在现实生活中，经常可见到这样一种现象：有许多人，特别是一些年轻白领，在买东西的时候，仅凭自己的一时冲动，想买什么就买什么，兴致勃勃，充分享受了购物的乐趣，但是买回家后，就后悔了，不是嫌价钱贵，就是觉得质量不好，或者根本就不适用。

3.不要过度消费

很多人会贪图一时的享受，而不顾自己承不承担得起，疯狂消费，结果却是使自己陷入极大的困境之中。之所以会产生那些消费陋习，是因为不清楚自己需要什么，只是根据自己的兴趣而消费，导致过度消费。所以，消费的时候要有针对性，知道自己需要什么，制订购物计划，不要超出预算，即使遇到自己很想买的东西也不要买。

江婷喜欢看时尚杂志，但书报亭里各色杂志琳琅满目，价格不菲，一个月买下几本就是一笔不小的开支。于是，江婷找来志同道合的姐妹们，每人买一本，大家轮流看，不仅省钱，还有了谈论的话题，增进了感情。最近，江婷又与不同的朋友拼起了美容卡、健身卡。办一张卡要几千元，两三个人拼卡轮流使用，省了钱，又让这些卡物尽其用。

如果自己实在想要某样东西，我们也可以约上志同道合的朋友一起合购或者一起拼购，像江婷一样约上姐妹们一起购买，然后大家互相分享，这样，大家都可以享受到少花钱、多享受的消费机会。

小思是一名年轻主妇，家庭日常生活都由她支配，大到大宗电器，小到生活用品，她都会办理会员卡进行积分，而且能刷卡则刷卡，这样信用卡也有相当多的积分。年终，所有商家都有会员回馈活动，小思的积分往往都能帮她换回理想的东西。

强中更有强中手，生活中的智慧无处不在，还有比拼购更厉害的，就是不花钱的裸购。当前，为了聚拢消费者，商家越来越重视对会员的维护，年底的优惠活动更是层出不穷，辛苦付出一年的消费者也别客气，赶紧看看自己的积分能换点什么对自己来说实用的礼物！

消费时最关键的是要有自己的主见，不随波逐流，盲目地模仿别人，听别人说什么就是什么，别人流行什么就得跟着买什么。我们既要清楚自己的实际情况，也要拥有自己的鉴别能力。

有很多时候，虽然没有购物计划，但是看到某种商品的广告或者进行促销时，很多人就蠢蠢欲动，这样就打乱了自己的购物计划。所以在购物之前，一定要想想自己需不需要，如果不需要，或者可要可不要，即使别人疯狂抢购，也不要盲目跟风，不能因为一时冲动而购物。

要知道，生活需要金钱，幸福也需要一定的金钱作为基础。只有买需要的东西，控制好我们的消费欲望，让钱花得合理，我们才有可能过上幸福的日子。会用钱的人，一般来说，会比不会用钱的人更有福气！

拒绝诱惑，夯实基础资产

现在的消费产品越来越丰富，可以消费的机会越来越多，即使足不出户，也可以买到各种各样的物品，而且，即使自己没有钱，只要拥有信用卡，照样可以先买东西后付钱，甚至价格高的商品还可以分期付款。在这样种种便利的消费条件下，如果我们控制不住自己，不管自己一个月赚多少钱，估计都不够花销。所以，如果想为以后的生活多多储备资金的话，现在就要拒绝债务和消费的诱惑，夯实基础资产。

王景阳大学毕业之后，顺利应聘到一家私企工作，月薪3000元。入职之后，他在办理工资卡的时候顺便也办了一张信用卡。一次在陪朋友去买手机的过程中，他也相中了一款手机。

在大学的时候，很多同学都拥有最新款的手机，而他因为没有钱，就只有羡慕的份。现在，自己开始赚钱了，就可以消费一部最新款的手机了。可是自己相中的手机标价就是七八千元，这对刚刚参加工作的他来说实在太贵了。正在他犹豫期间，朋友走了过来，说："你不是有信用卡吗？先用信用卡支付，等月底发工资的时候再还不就行了。"他一想也是，于是就用信用卡支付买下了那款心仪的手机。

没过几天，一纸账单送到了王景阳的手上，看着8000元的账单，王景阳很是发愁，凭借自己目前的工资水平，想要偿还8000元的账单简直是痴人说梦。还款日期逼近，算了一笔账之后，他还是决定四处借钱偿还这笔账单。虽然他只透支了8000元，但是按照发卡银行的标准，即使交了最低还款额800元，仍然会产生每天万分之五的利息，也就意味着他每天要交将近4元的利息，等到下个月发工资的时候，30天就是100多元，白白支付这些利息太不值得了。

王景阳一个月的工资才3000元，他经受不住手机的诱惑，用信用卡满足了自己的欲望，但是当看到账单的时候又犯了愁。确实，一个月只能赚3000元而债务就有8000元，如果都用来还债的话，自己的吃喝怎么办？但是如果不把债务还清，又会产生新的利息，这样利滚利就会让自己辛苦赚来的钱莫名其妙地消失了。王景阳这一次消费可以说是非常不合理的，我们要从他的身上吸取教训，拒绝债务和消费的诱惑，让自己辛苦赚来的钱都花在刀刃上。

不能赚多少就花多少，要注意夯实自己的基础资产，这样才能在自己突然失业的时候，或者是突发疾病或事故急需要钱的时候不至于束手无策，而要做到这一点必须要远离债务过度消费和提前消费。

现在我们的工资几乎都是直接发入工资卡中，这就让很多人养成了这样一种习惯：工资发到卡里从来不管，当需要用钱的时候，再从工资卡里支取。或者是把工资卡跟自己的信用卡关联起来，自己只用信用卡消费，到时工资卡会自动还款。这样的习惯对于夯实基础资产一点帮助都没有，因为这样的习惯会让自己赚钱的目的发生质的改变。这样做的话，工资再也不是为了美好的未来而创造资产的手段，而是变成还债的存折。如果那样的话，我们就会把未来的收入也搭上，从此被钱牵着鼻子走。我们要学会理财，不让工资就那样闲躺在自己的工资卡中。

那么，该如何对待自己的工资和工资卡呢？可以按照自己的预算把一个月的生活用度留在工资卡里，取消工资卡关联的信用卡的自动还款的服务项目，这样每个月的信用卡消费都需要亲自办理还款,这样对自己一个月花了多少钱也能够一清二楚。然后把多余的钱取出来办理定存,直到自己能够拥有三五万元之后再进行其他钱生钱的投资工作。这样就能够确保自己拥有一定的基础资产,让自己的生活无后顾之忧。

花在哪儿比花了多少更重要

有些人虽然也是每个月都在做自己的个人财务预算,但是他们只是囫囵吞枣,仅仅计划自己接下来的一个月可以花多少钱,并没有细化到哪方面可以花多少钱,这样的预算常常会让他们超支。

不管是在预算的过程中还是在实施的过程中,花在哪儿远比花了多少重要得多。

预算一般包括固定开支和非固定开支两部分。固定开支即日常生活中必需的、数目基本不变、无法省略的费用,主要包括每月还贷、饮食、水电、煤气、电话(手机)、上网费、有线电视等费用;非固定开支是弹性比较大、可多可少的支出项目,如服装、生活日用品、报刊、理发美容、医疗药品、娱乐休闲及人情消费等。在做预算的时候应分门别类地计划,这样就可以分配生活中的各个方面的开销比例,清楚钱应该花在哪些方面。

参加工作之后，洋洋每月的生活费比上学时翻了一番，虽然已经赚钱了，但一到月末她总要打电话向家里要钱。爸爸问她把钱花在哪儿了，她总是说不出所以然来。反正钱就是这样不知不觉地全没了，要让她具体说出钱都花在什么地方，确实是非常困难的事情。平时逛逛商场，看到那些时髦的衣服、酷酷的电子产品，不买又觉得可惜，钱就不知不觉花出去了。每当被爸爸责问的时候，她也觉得非常苦恼，也尝试努力去改掉乱花钱坏习惯，但是效果一直不大。

如果洋洋每个月拿到工资之后，能够分门别类地做一个花钱的计划，先做好自己的节流预算，这样在花钱的时候，就能够把花的每一笔钱归到预算中的各种类型中。这样，即使超支向家里要钱的时候，被爸爸问起钱都花在哪儿时，她也能心知肚明。

很多时候我们在花钱时，如果先问问自己这些钱花得值不值得，甚至让自己区别一下这钱是消费，是浪费，还是投资，这样做对我们节流是非常有好处的。当我们这样问自己的时候，当这笔钱被我们归类为浪费的时候，就会思考这笔钱是不是该花，能不能不花。也许，在刚开始时我们不能立即做出判断，但是如果在做预算的时候，就分门别类地进行了计划，那么经过一段时间的耳濡目染之后，就能够条件反射一样地立即知道自己支付的款项属于哪一类。这是一个重要的习惯，它可以让大脑和身体都牢记金钱的作用和使用方法。

要想让自己随时都清楚自己在什么项目上消费，最好是将自己的花销都变成可视化，这就需要动用到记账了。在把握金钱的流向和收支方面，记账非常有效果。而且，要重视支出这一栏，尽量把这一栏按照预算的分类来细化，然后把各个项目归入"消费""浪费"和"投资"这三个范畴中。每掏出一笔钱就按部就班地记录下来，钱到底都花在什么地方，也就能够一目了然、清清楚楚了。

当然，我们无须为了记账而花高价购买那些设计精美的记账本，可以自己做个记账本，可以在电脑中直接用Excel，或者是用手机一笔一笔地记下来。其实有很多记账软件是可以在手机中使用的，而且可以自己编辑其中的类别，这样想分为几个类项就分为几个类项，而用手机记账既可以省去购买记账本的资金，也方便使用。

我们更多需要注意金钱的流向及运用模式，重视的不是支出的金额，而是各类支出在总支出中的比例。如果想让自己的生活变得更美好，唯一的方法就是要持续，每个月都有意识地努力去改变。

实用的省钱之道

王丽丽是一名刚刚毕业的大学生,在一家广告公司工作,月收入3500元。虽然挣得不多,但总是能把生活安排得井井有条,而且每个月还能存下一部分钱,一年下来,她竟然还给父母寄回去了1万元。王丽丽之所以能够存下钱,离不开她开源节流的省钱之道。我们可以看看她平时的做法。

(1)每个月领到薪水,第一件事就是从薪水中拨出一部分存下来。

(2)坚持记账,每花一笔钱都要列出详细的预算与支出,搞清楚自己每天、每周、每月的花销具体流向哪里。

(3)每次消费之后都会检查、核对收据,看看商家有没有多收费。

(4)信用卡只保留一张,欠账每月还清。

(5)尽量在家吃饭,工作日选择自带饭菜上班,不仅干净而且实惠,这样每周就能节省至少40元的午餐费。

(6)每天乘公共交通工具上下班,不仅环保,而且节省。

(7)简化生活。房子租够住就可以,减少不必要的房租支出。

(8)衣服买品牌,而且看准打折时机,并且买大方的款式,不仅耐穿,而且有档次。另外,她很会砍价,每次都能让店家让利。

（9）护肤品只买对的不买贵的，不跟风，也不盲目和别人攀比。

（10）节约用水用电，不仅能省下水电费，还为环保作了贡献。

那么，都有哪些省钱之道呢？

1.要养成存款的习惯

不管银行的升息幅度多小，都要坚持存款，不断从薪水中拨出一定的款项定期储蓄。另外，如有投资股票、外汇等行为，要有限度，量力而行。

2.要学会理财

不管找不找理财师，都要懂一点理财知识。多读些有关投资理财这样的实用手册，最简单的可以从网上下载功能齐全的理财软件，它会告诉你钱每天、每周、每月都流向哪里，并列出详细的预算与支出。

3.花钱要有节制

衣服、鞋子之类的够穿够用就好，不要疯狂地购物。

4.信用卡只保留一张

欠账每月还清，平时用卡时，必须养成仔细核对账单、按时足额还款的习惯。银行客服人员建议客户，如果平时工作忙，可以把常用的银行账户与信用卡账户绑定，由该指定账户按期还款。当然，设立约定还款账户虽然方便，但还要注意约定还款账户的余额是否充足。一旦约定还款账户余额不足，造成银行扣款失败，再想往约定账户里存钱还款就来不及了，持卡人还必须及时往信用卡账户中存入或转账足够的钱。

5.购物一定要有计划

每个月要根据家中需要制订详细、合理的购物计划，做到心中有数。去超市大宗购物前最好对超市的特价商品有一个了解，如果正符合你的需要，那么就值得购买。

6.提前购买节日物品

每逢重大节日前，可以提前购买一些节日所需物品储备起来，以防节日时涨价，因为很多商品在节日时都会大涨价。

7.巧妙利用购物优惠

为了促进商品销售，许多商场、超市都会推出很多优惠活动，例如买二赠一、低价大促销等，如果遇到适合自己并且需要的产品，可以趁机买下来。

8.在消费时要提前预算

只有提前预算，才不会从一个财务危机陷入另一个经济困境。另外，在消费时要养成索要、保留发票的习惯，并检查、核对所有收据，看看商家有没有多收费，外出就餐和在超市大批量购物时尤其要注意。

日常省钱的七大秘诀

1.学会只买生活必需品

如今家里的生活用品变得越来越多,而用于生活开支也随之越来越大,想节省开支就必须尽量减少那些可有可无的用品的开支,只买生活必需品。同时在购买之前,应该先想一想是不是真的需要。比如,或许你会很高兴地以六折的价钱买下一件高档的晚礼服,穿上它的你如同电影明星,但是在买之前你也要考虑好:自己是否有机会穿上它。

2.尽量减少"物超所值"的消费

其实,有些交年费的活动看上去十分划算,但事实上你很少能够用到这些服务。例如你花1500元就能全年使用健身中心的所有器材。有的时候你或许会为此动心,觉得去一次就得几十元,一年能去二三十次就不亏了,最终花了1500元办了证,可是在一年之内没去几次,算下来比每次单独买票还要贵。公园的年票也是如此,办的时候觉得很划算,年底一看没去几次,一算还不如买门票划算。还有手机话费套餐,短信费20元包月300条,如果不包月则0.1元发一条,你如果一个月只发100条,不包月的话就只要10元,若包月则要20元,那样就太不划算了。

3.学会打时间差

打时间差也就是利用时间对冲，这也是最基本的省钱招数。商家会利用时间差进行销售，消费者如果能够利用好时间差就可以省一笔。比如反季节购买，在夏季买冬季的衣服就能够为自己省不少钱。还有黄金周出游，全国人民都挤在了一起，耗时耗力还必须要支付更贵的门票、餐食费用、交通费等，让人苦不堪言，而改变的方式也很简单，可以利用自己的带薪休假，将假期推迟1~2个礼拜，看到的风景也会不一样。而买折扣机票选择早晚时段的乘客相对较少，价格也相对优惠。至于到KTV去享受几小时的折扣欢唱，或者到高档餐厅喝下午茶，换季买衣服，也同样是切切实实的省钱的好办法。

4.学会打批发牌

通常，商品的价格都会有出厂价、批发价和零售价，同一个商品有不同的价格主要是由销售规模所决定的，规模能够产生一定的效益，也就正所谓薄利多销，因此需求量较大的顾客自然能获得低价格。对于那些可长期储存而且不会变质的物品，可以一次多购点，比如卫生纸、洗衣粉等。大宗消费如果可以联系到多个人一起购买会省得更多，比如买车、买房、装修、买家电等。

5.不要一味要求最好

不求最好也是一个有效的节俭策略,但是前提是不能够降低生活质量。在保证生活质量的前提下,适当牺牲一点舒适度,节省几张钞票也未尝不可。例如KTV,在晚上的黄金时段一般价格都很高,如果牺牲一下早上睡懒觉的时间,和朋友们在清晨赶到KTV,价格就会变得非常低,酣畅淋漓之后还能省下不少钱。

再比如拼装电脑和品牌电脑。品牌电脑的系统配置好、售后服务好,但是价格偏高。而如果自己拼装机子除了多花一些精力组装外,一样用着非常地舒服,能给自己省下不少钱。

6.时间、精力能够换来金钱

理财是辛苦活,需要花费一定的时间和精力。例如收集广告就是既劳神又费力的活,有的时候还需要广泛动员,号召家人参与进来,超市的优惠卡、报纸上的折扣广告、折扣券及在网上下载打印的如肯德基、麦当劳等各种优惠券。所有的这一切都需要专门收纳,不是有心人非常难做到。但是如果无心的话,不了解价格行情,进了超市就买,这样就会多花不少冤枉钱。

7.要学会利用先进科技工具

网络上的信息传播非常快,它也是很多人消费省钱的工具。例如在网络上可以迅速地聚集网友来组团，也可以在最短的时间内知道某种商品的最低价格。

购物计划清单帮你了解生活细节

工薪族的工资虽然不高，但是有些人仍然抵挡不住疯狂购物的欲望，几天不外出购物就觉得难受，看见喜欢的东西就想据为己有，每次总能找出不同的理由来购物。如果放纵这种疯狂的购物欲望，我们那点薄弱的工资是不可能禁受得住折腾的。为了消费合理，我们要学会统筹开支，学会在购物之前做好计划。

很多人都有这样的经历：想要买的东西没买到，却买到了一大堆可有可无、计划之外的。这是大多数人的通病，看到东西不贵就想下手，但买回来之后就会闲置起来。这些东西毫无用处，也不会为提升生活质量贡献力量。有些东西买回来之后还没有使用，但下一次逛街时看到有打折的便宜货又买回来一堆，这种浪费的做法真的没有必要。想要省钱，就要在逛街之前先列好购物清单，严格按照购物清单购物。

袁丽丽在一家时尚网站工作，因为工作环境的耳濡目染，她喜欢漫无目的地逛街，把一些具有时尚元素的东西带回家，工作一年了，存款没有多少，家里稀奇古怪的东西不少。问题是，这些东西都属于时尚物品，很容易过时，袁丽丽并不喜欢它们，这些东西放在家里也非常浪费空间，扔了又可惜，卖又卖不出去，因为过时了，也不好意思送人。为了解决这个问题，袁丽丽特地请教了妈妈。妈妈告诉她每次出去逛街，都给自己列一张购物清单，清单上没有的东西坚决不买。

一开始，袁丽丽总是控制不住自己的购物欲望，总是会买一些清单上没有的东西，后来她总结了一个方法：不要长时间待在商场里，拿着清单直接奔向那些需要的东西所在地，然后快速结账离开，自己就可以因为看不到其他的东西而没了购买欲。

为了让自己远离那些时尚品的诱惑，她把自己经常光顾的那几家商场的内景制作成了地图，并且在上面标注了各类商品的名称和位置。当自己需要购买东西的时候，就拿着购物清单和这份地图出发，这样就可以直奔自己想要买的东西，减少了在商场逗留的时间，也远离了那些时尚品的诱惑，成功改变了自己胡乱购物的习惯。

袁丽丽就是利用购物计划清单帮助自己省钱，避免自己做出一些浪费的购物行为的。省钱的最好方法就是做到有的放矢，将钱花在最需要的东西上。在购物之前，列出自己所需要的物品清单，每月进行一次必需品大采购，以满足生活需求，这是一套行之有效且节省人力、财力的好方法。

这些购物清单不要一采购完毕就扔了，可以把它们保存好，最好能够用一个收纳箱分门别类收纳。收集这些购物清单的同时，可以按照消费的性质分类，比如生活必需品分为衣、食、住、行、投资、娱乐等几大类，每个项目按日期顺序排列好，以方便日后统计。

坚持每月都抽时间查看一下自己的购物清单，这样，就可以清楚地了解到自己的生活是怎么样的了，也能够从中了解自己的花费支出的方向，了解自己的钱都花在什么地方了。再根据自己具体的收入和支出项目，计划好下个月的资金分配。可以说，列出购物计划清单比记账更能帮助我们控制消费，节省出更多的投资资金，让自己早日致富。

出席重要场合，不妨租用名贵服饰

流光溢彩的金钻饰品、巧夺天工的精美包包、浪漫迷人的香水、精致曼妙的高级衬衣……每个人都向往这些高档的、优质的生活奢侈品。

这些时尚奢侈品往往彰显着高贵、典雅、独特。这也是为什么一直以来，时尚奢侈品不仅被富豪贵族所拥有，也是一般民众奋斗的原因。然而，对于一般消费者来说，想要拥有这些奢侈品，往往不太现实，最大的障碍当然就是它们昂贵的价格。

怎样才能用最少的钱，享受到最时尚的东西？这个问题难倒了很多时尚达人。其实奢侈品并非只有拥有才能享受，或许你还没有能力拥有这些奢侈品，但我们完全可以通过租赁来享受它们带来的满足感。对很多人来说，租赁远比拥有更划算，也更省事，因为奢侈本身就是一种生活体验。

物价上涨时，该如何继续奢侈梦，如何继续优质生活？花最少的钱，享受最时尚的东西，应该是时尚达人最为值得骄傲的行为了。尤其是一些经常出席重要场合的白领们，通过租赁服饰、名包、名表的方式，可以节省自己的资金，又不失身份。

比如，花上万甚至几万元买一个路易威登包，而它们只有在重要场合才适用，其余时间你只能把它束之高阁，偶尔可能舍得带它逛逛街，平时不舍得用。对于不经常出席重要场合的人来说，拥有它绝不合算。而一款路易威登售价在二三万元的新款包，在租包店里，每天的租金只要700元。只要将相当于这个包售价的钱汇入该店，作为押金，就可以轻松地租赁这款包了。相对普通消费者而言，租赁绝对是省钱的。

在外企工作的金小姐，因为工作和时尚沾边，需要经常出席各种时尚品牌的活动。"在这个圈子里的派对上，你总不能参加所有的派对都背同一款包吧？这样会被人笑话的！"金小姐说。但是很多晚宴包，买回来都只用一次，再用就觉得难为情了。怎么办呢？虽然收入不菲，也不能这么浪费自己的钱呀。而现在有了品牌包租赁服务，金小姐觉得很是方便："才花几百块钱就解决了很多问题，既不丢面子，又省钱。"

除了名牌包，顶级跑车、珠宝首饰等也开始试水奢侈品租赁市场。而在西方国家奢侈品租赁市场渐成气候的影响下，我国一些大城市也逐渐推出了面向大众的珠宝首饰租赁业务。

租金一般为珠宝价值的1%。这样只要花很少的钱，就可以戴着昂贵的镶钻项链在婚礼、派对上大出风头了。

但是在租赁奢侈品的时候一定要选择信誉度高的店面，毕竟押金几万元钱也不是个小数目。在满足面子的同时也要保证钱款的安全，不然还不如直接买了省心呢。

还要注意核对商品的各种指标，比如新旧程度、品质等。要注意保护好所租的商品，免得商品因为损坏需要照价赔偿，这绝对不划算。

打好"穿"的小算盘

爱美之心人皆有之，尤其是女孩子，更想在外人面前保持一个良好的形象。买衣服是女生的家常便饭，结果衣服越攒越多，望着那满满一柜子的衣服，好多女生开始发愁，而每个月光置办衣服就让钱包瘪了。

雪儿是某时装杂志的编辑，虽然工资比前两年刚工作时多了一些，但是每个月要供车贷房贷，手头并不是很宽松。可是由于工作需求，时常要出席一些重要场合，在穿衣服方面不能太一般。

以前买衣服穿衣服对她来说是一件头痛的事，但是经过几年的锻炼现在就好了很多，现在完全能够算好自己的穿衣账，既好看又不过多花钱。她说，购物前需要充分了解每季的流行趋势，但千万不要想把所有趋势都穿自己身上，先找出最适合自己的那一点。女孩应该多逛，哪怕是不买，在不断试穿与比较中找到自己的真爱。

雪儿回忆，自己第一次购买奢侈品时就充满了诸多尝试："当时想购买一支兰蔻的口红，在颜色选择上比较和尝试了很久,既想白天用又最好在晚上也可以用来搭配,最终选定玫瑰色是最适合自己的。"

无论出于什么原因,我们可能觉得在穿衣方面的投入不够或追求的方法不对,因此必须从现在开始,加大投入力度。而实际上,很多穿衣水平很高的人,并不是在穿上多花很多钱,而是在这方面打理计算得很清楚,比别人花更多的时间、精力。

一个人要想改变形象,需要提升的是品位,即提升对美的理解的高度。并不是你没有衣服穿,只是你不懂得搭配而已。穿得漂亮并不一定要破费很多,只要你打好自己的穿衣小算盘,学会了聪明的搭配方法,就算你全年都穿旧衣服,也能天天穿出不同的风格,穿出不同的美感。

1.找到自己的穿衣风格

我们要的是人穿衣,而非衣穿人。没有自己的风格,再昂贵和华丽的衣服穿到身上,也不能让你更有气质、更漂亮。能够给我们留下深刻印象的穿衣高手,不论是设计师还是名人,其原因只有一个——他们创造了自己的穿衣风格。至于自己的风格怎样确立,最重要的一点就是不能被千变万化的潮流左右,应该在自己欣赏的审美基调中,加入当时的时尚元素,同时从自己的气质涵养入手，融合成个人品位，这样，才能具备自己的穿衣风格。

2.经典款式必不可少

服饰的流行是没有尽头的，但是无论潮流怎么变化，最基本的款式都不会退出历史舞台，而这些能经受得住潮流考验的基本服饰就是经典的款式。具备这种特质的服饰通常是设计简单、剪裁大方、做工精良的经典款式，像白衬衣、及膝裙、宽腿裤等。这些经典款的衣服一般都不会过时，随时拿出来穿也不会有人笑话。想要推陈出新，只要在这些衣服上加一些流行的配饰就能起到令人耳目一新的效果。

3.不要让衣服来挑人

很多衣服都是挑人的，与其让它挑你，不如你来挑它，挑那些跟自己相配的衣服，而不是跟模特相配的衣服。例如，首先要清楚自己的肤色属于冷色系还是暖色系，肤色色系的确定可以决定你穿哪种颜色显得人更亮丽、更精神。服饰颜色要选择与自己肤色色系相近的颜色为大面积色彩，其他可做搭配颜色。

为了避免被一时的购物气氛迷惑，彻底了解自己是非常重要的基础课程，读懂自己的身材、气质、肤色，了解自己适合的色彩和款式，才能让搭配出来的效果更完美。

既然是为了省钱,那么打好穿衣小算盘最重要的一点就是重新整理衣橱。如果衣橱里已经有的,不管再经典、再漂亮,都不要再买了,买了就是浪费。在开始混搭之前,要做的不是买新衣服,而是找旧衣服,如果已经掌握了搭配的要领,那么就会发现那些要淘汰的旧衣服突然之间都派上了用场,那么恭喜你,你的钱包又一次避免了被"洗劫"的命运。

旧物翻新,省钱又时尚

面临经济环境变差,不少人收入减少了,都在想办法节省开支。与此同时物价也开始水涨船高,越来越多的人感觉到入不敷出、手头不宽裕,所以能省则省。一些时尚达人开始尝试把自己的旧衣、旧鞋、旧包翻新修改来创新,这不仅满足了追求时尚的心理,还有效地缓解了买新衣服、新鞋子、新包带来的经济压力。

特别是一些材质不错的品牌服装,扔了可惜,买件新的价格又太高,而且款式只是些许变化,于是许多人变得热衷把旧衣服拿到裁缝店翻新、缝改。比如把过时的微喇长裤改成短裤;把高领毛衣变成低领;把尖头皮鞋改成圆头;或者直接改变一下皮包颜色。翻新这种方式,省钱又时尚!

据介绍,翻新一件衣服一般不超过100元;翻新衣服领子、腰围等，大约几元、几十元不等；翻新一双鞋子也在100元以内。与品牌服装价格的大幅上涨，动辄数百元甚至上千元相比，旧衣、旧鞋翻新无疑要实惠得多。

"现在商场里的衣服，品牌的都要上千元，而且衣服款式每天都在不断更新，买回去没穿多长时间就不流行了，挂在衣柜里，不想穿又舍不得扔，比较可惜。"江女士说道，"而到一些专门翻新衣服的店简单翻新一下，花不了多少钱，却可以让原来不流行的旧衣服重新变得流行起来，也能重新穿出去，很划算！"

薇薇在收拾家的时候，翻出了几双老式皮鞋。鞋子没穿几次，还很新，只是款式太落伍了，鞋尖过于长而尖。放又没处放，扔又觉得可惜。于是，薇薇就拿了一双到修鞋店打算翻新一下，店家的回答是"可以改"。一周后，鞋子就被翻新好了，薇薇也很满意。于是回家后，把所有的旧鞋都拿去翻新了。"第一次翻新鞋子的价格是100元一双，这次拿了两双过来改，70元一双，一下就省了60元。"薇薇说，"这可比买一双新鞋省不少钱！"

在一些专门翻新衣服、鞋子和皮包的店里，会有一些皮质、料子做工都非常好的过时衣服、鞋子和皮包。有一些会省钱的人，就会在这些店里购买这种服饰，并且直接在店里修改，总价也不过几百元。与一件近千元的新衣服、新包和新鞋相比要划算得多。

但是，消费者要想将旧物翻新，一定要找专业的店家，以免上当受骗。

如何应对通货膨胀

老百姓都知道一个简单的道理：钱只有投入社会经济活动，一起运转才能保值，比如做个小生意卖鸡蛋。以前是3毛进5毛出，通货膨胀了，鸡蛋涨价了，那就5毛进8毛出，把通货膨胀的压力转移出去，使我们的劳动价值得以保存。否则，不参与经济运作，肯定就不好办了。

有一个人30年前从空军航校复员，获得了复员费3000元。在当时这可是笔巨款。他激动地把这些钱存进了银行，给子女当学费。可是30年过去了，那3000元在银行里也翻了两番，当时够三个子女从小学上完大学的费用，最后只够一个孩子大四一个学期的花销了。

如果想跑赢通货膨胀，以下是我们要做的。

首先，努力工作，多多赚钱，还要开源节流精打细算地过日子。

其次，多学习一些理财知识，让手里的钱保值、增值，用钱来生钱。

下面就总结几种实用的理财方式。

1.存款

现在银行的定期存款利率处于比较低的水平，这个利率水平虽然跟现在的CPI（消费者物价指数）涨幅相比要差很多，但是国家的经济政策也是会随着整体经济环境的改变而调整的，存款利率也将成为家庭资产理财龟兔赛跑中胜利的小乌龟。

2.买债券

国债是很多老百姓早就熟知的，每一次国债放出，百姓排队买国债的景象可见国债在大家心目中的分量。现在很多公司债也相继发行，利率都高于银行。短期融资券比较活跃，期限主要集中在3个月和1年品种，主要是因为该期限相对较短，在目前高通胀紧缩预期下，在对抗现阶段低利率较具优势。

3.投资基金

基金是普通百姓投资理财的首选。按照投资配置比例，基金主要分为股票型基金、混合型基金、债券型基金、货币型基金等，投资者应当根据自己的风险承受能力组合配置一些基金，把握好各类型基金的配置比例，力求取得最佳组合效果，分散风险，追求收益最大化。基金定投是一种定期定额的投资，具有分散风险、聚少成多等特点，通过长期投资的复利效应，获得市场平均收益，成为冲抵财富缩水、保持货币购买力的有效手段之一。

4.银行和券商的理财产品

一般来说，银行和券商推出的理财产品相对稳健，收益比较固定。在设计理财产品的时候，主要以两个数据为参考标准：一是一年期定期存款利率；二是CPI。存款的收益率是固定的，但理财产品的收益率却可以通过设计达到不同的水平。

5.股票

股市在经历了一番轰轰烈烈的大牛市之后，进入了熊市阶段，可谓是几家欢喜几家愁，有人赚得盆满钵满，有人赔得心灰意懒。股票也是一种很好的投资理财工具，但是对投资者的专业知识和投资纪律要求比较高。如果对股票知识完全不懂或是略知一二便盲目跟风进场，那是很危险的，等待你的或许就是"交学费买教训"，财越理越少。股票投资比较适合有时间、有精力且有能力的投资者，在市场行情好的情况下收益还是很可观的。

6.黄金

随着国际原油价格的不断攀升等原因，黄金作为一种中长期投资，保值功能在国内投资中逐渐升温。而国际原油价格一路上涨也带动了一系列相关产品的价格上升，推动了生产者物价指数和消费者物价指数的上涨。通货膨胀预期的增长，引发了投资者对其资产进行保值的需求，从而促使在货币史上长期充当一般等价物的黄金，在对冲通货膨胀的风险方面越来越受到投资者的青睐。黄金是国际公认的货币，是硬通货，可以起到保值的作用，是一种适合长期投资的理财品种。投资者可以按照不超过总资产30%的比例进行实物黄金投资配置。

和房地产相比，黄金的特色在于高流通性。房产投资取决于地段，黄金投资不受地段的影响。一块标准金条，可以在世界上流通。和房产相比，高流动性是黄金独有的特色。

与股票、外汇投资相比，黄金的投资风险相对也较低。投资者可以适当持有黄金，以期使资产保值增值。

第四章
发现商机,让财源滚滚来

下海投资,一定要去自己熟悉的海域

下海投资创业,如果自己不熟悉,不了解一个行业,就贸然进去,可能会像渔民到了自己不熟悉的海域一样触礁遇险。为了保证资金安全,有心要下海投资创业人一定要选择自己熟悉的海域。

王革平大学毕业之后就听从父母的安排当了一名教师。但是,王革平很不喜欢教师安分守己的生活,干了三年的教育工作,王革平就不顾众人的反对,毅然下海投资创业。王革平对于自己下海投资创业并没有很清楚的认识,他看到大街上咖啡店特别多,身边的人好像也都挺喜欢喝咖啡的,于是就投资了一个咖啡厅。

由于自己没有喝咖啡的习惯,也没有经验,自己投资咖啡厅的十几万元一下子都没有了，差不多前功尽弃。这件事让他意识到，一定要做自己熟悉的事，不能看着市场什么热就投资什么。于是他就选择了自己喜欢的美容业。因为在上大学的时候，他曾经在美容美发店打过工，学习过一些相关方面的知识，而且，这才是他最熟悉的，所以决定从自己最熟悉的美容业入手。

当时，他所在城市的美容行业极不规范，王革平决心改变这样的局面。从一开始他就坚持做品牌，渐渐在业界赢得了良好的口碑，从小店做起，然后到美容专线，最后还开了自己品牌的美容学校。现在，他还是专于美容行业，也已经成为自己所在城市美容行业的翘楚。

从王革平的经历中，可以清楚地看到，下海投资创业确实能够致富，至少比打工时赚得多。但是，如果下海投资的是自己不熟悉的行业，只会把自己的老本亏光。所以，在下海投资的时候，一定要去自己熟悉的海域。在我们即将要开始追求自己事业的时候，一定清楚自己熟悉哪个行业。换句话来说，就是选择自己喜欢的行业来做。

如果有人问什么样的工作才能让我们发挥自身的优势，创造出令人羡慕的财富呢？我们肯定会回答是自己最喜欢的工作。因为所有的人都知道，如果工作不开心，就会过得很辛苦，自然就很难创造出什么业绩来。创业跟这个也一样，如果不是自己喜欢的行业，我们根本没有向前冲的劲头。那么，如何知道自己现在做的事业是不是自己喜欢的行业呢？想要知道这个答案就问问自己下面几个问题。

（1）是不是感觉一天的工作时间很长，度日如年，总在看表？

（2）工作的时候不想和同事说话，看到同事工作心里就烦躁？

（3）下班以后是不是总有一种悲观的情绪？

（4）是否总感到很烦躁？

如果对于上面几个问题回答都是肯定的，那说明现在的行业不适合我们，需要另行发掘。

选好项目再出发

有些人看到同事辞职之后自己创业，赚了一点小钱，自己也就心痒难耐，匆匆辞职加入创业的行列。由于自己对创业这件事没有成熟的思考，只是盲目跟风，只求快速创业，这样难免会失败。要知道，创业不是一件小事情，不能凭着一时的爱好和冲动就去创业。过于草率、盲目地创业，企业就不可能走得更快、更稳，甚至还会半路夭折。

　　曾昭毅中专毕业之后就到广东打工，由于没有工作经验，又没有足够的资金让他有条件慢慢挑选工作，本着尽快赚钱的念头，他进了一家塑料厂工作，每个月只有2000元工资。后来，公司内部要招一名业务员，他觉得当业务员的工资会高一点，就报名参加了。他很顺利得到了这个业务员的工作，没想到一年之后，公司因为经营不善倒闭了，他失业了。但是，这个时候他已经存下了一点钱，又看到身边那么多做生意的人也很有钱，于是就产生了创业的念头。

　　由于没有接触过其他行业，他创业还是选择塑料行业。他自己做一些塑料贸易方面的生意，但是做了不到半年油价就开始上涨，造成经费紧张，没能坚持下来。为了生存，他又去了一家保险公司上班。但是，在那里上班没几个月，他又辞职了，觉得还是创业比较好。为了让自己尽快赚到钱，他经人介绍去拜访了一位跑江湖的人为师，学习在市场摆地摊卖胶水，做了两个月只赚到一点钱。后来他觉得这样赚钱太慢，又开始改行在超市租地方销售产品，由于自己没有经营好，把原先赚来的钱都亏光了。这个时候，曾昭毅不得不再次去给别人打工……

从曾昭毅创业和打工的经历中可以看到，他反反复复都没有成功，最主要的是他根本不了解自己适合干什么，对于自己的创业也是心血来潮，根本没有规划，也没有想想自己适合做什么项目就盲目下海，这样难免会触礁。

想要结束打工的日子，依靠创业创富，就要先选好了项目再出发。一个人没有做事的目标就会像热锅上的蚂蚁，团团转也不知道出路在何方。如果没有选好项目就盲目创业，就跟盲目航行的船一样，不知该往哪个方向前进。只有选好项目，让自己有一个明确的方向之后，才能够让自己在创业的道路上前进。

要知道，方向是一切行动的依据，在任何领域中，成功人士最重要的就是要有明确的方向。明确的方向能使我们看清使命，抓住重点，把握现在，使重点从过程转到结果，因此选好项目是创业走向成功的首要前提。没有项目，我们的热忱便无的放矢，无处归依。有项目，有目标，才有斗志，才能开发我们的潜能。

中国创业招商网曾经做过统计，结果发现，90%的人曾经有过创业冲动，其中60%的人会付诸实施，但是其中仅有10%的人会成功。至于为什么那么多人的创业都失败了，中国创业招商网的调查结果显示：98%的失败者是因为没有选准合适的项目。这告诉我们,想要通过创业成功致富,就必须要选好项目再出发。俗话说得好,"万事开头难",选择了一个好的项目,就成功了一半。

那么,如何才能够选到好的项目,让自己创业致富的道路顺顺利利呢?

1.选择具有独特资源优势的项目

俗话说,靠山吃山,靠水吃水。如果能够独具慧眼,发掘自己身边特有的资源进行投资开发,往往都会成功,因为资源的独特性,我们没有竞争对手。当然,开发这种独特资源的项目要跟自己的经验、兴趣、特长有关;否则,也很难把这个项目经营得有声有色。

2.选择有市场需求的项目

可以在创业之前,做好市场调研,针对某个特定消费群体,知其所好,投其所好,乘需而入,占领市场。

3.选择朝阳行业的项目

产品的市场支持力、市场容量及自身接受能力对创业者来讲至关重要,而夕阳行业的产品市场已经饱和,很难在那个领域推陈出新。而朝阳行业本身有很多领域还待人开发,如果能够多进行市场考察,还是能够发现一些没有被人发觉的角落。

4.尽量选择蓝海领域

所谓蓝海,就是尚未有很多人涉足的新兴领域。很多人在选择行业的时候,往往是看到别人在一个行业中赚到了钱,然后也跟着去从事那个行业,其实这是一种严重的错误。为什么呢?因为你不是在这个地域中最早从事这个行业的人,大块的市场和利润已经被别人所占领,你会模仿,其他人也会很快模仿竞争,最后的结局就是大鱼吃小鱼,实力小的被淘汰出局。

可以举个简单的例子,在二十几年前,福建地区很少有人从事茶叶销售、开茶庄,所以短短的几年时间,早期的极少数经营茶叶生意的人赚了大钱,结果很多人看到卖茶叶能赚钱就蜂拥而上,竞相模仿,如今一个小小的城市往往有几百人,甚至上千人在开茶店,做茶叶生意。请问:这些人能赚大钱吗?当然不是完全不可能,但很难,因为整个市场利润都被瓜分了。因此选择好行业的第二个要素:市场空间大,竞争对手少。也就是说还没有人或很少人从事的时候,你要抢先一步,才有可能领先一路。

总之,创业的时候不能空谈理想、目标,要一步一步地做,也不要盲目冲动,要选好了项目再出发,避开陷阱,稳中求胜,早日达到致富的目标。

资金少，合理分配收益多

创业，资金是必不可少的一个环节，不管创业资金是自己挣来的，还是跟别人借来的，想必数量都不会多到可以任意挥霍的地步。很多人就是因为资金的问题，把自己挡在了创业致富的大门之外。其实，创业不怕资金少，怕的是不懂得合理分配资金。在创业的过程中合理分配资金，不但有助于创业顺利进行，而且收益也会增多。

许多人在创业之初并没有考虑到流动资金的重要性，在没有足够的流动资金的前提下就贸然创业。殊不知，很多人在创业后经营不是很顺利，需要坚守一段时日时，就因为没有充足的流动资金而不得不提前关门。所以，面对少得可怜的创业资金，要从一开始就做好分配安排，让有限的资金能够得到合理的分配，以让自己的事业能够顺利开展。

林梅和杜宪在大学的时候是一对好朋友，他们在大学毕业之后一起应聘到了同一家公司上班。两年之后，他们都有了一定的积蓄，便相约一起创业，但是林梅因为种种原因需要回家乡发展，两人便分道扬镳，各自创业去了。

他们都打算拿出5万元尝试创业，从小本生意做起。两个人都认为用这些资金开一个服装店比较合适。说干就干，就都开始着手准备自己的创业工作。杜宪先去市场做调查，找好进货的商家，然后再去寻找店址。找到店面之后，跟房东商量好了租金是5000元/月，押一付三。一切商妥之后，杜宪并没有急着跟房东签约，他先去进了一批货，把营业证照都办理完之后，再请装修公司设计好装修图纸，一切准备就绪才跟房东签约。一签好约他就立马通知装修公司进行装修，只用两天的工夫，他的店就装好了。第三天就已经开业了，先是一个人忙着店里的工作，边卖边寻找导购。整体算下来，他的创业资金是这样进行分配的。

（1）房租5000元/月，押一付三，2万元。

（2）装修费5000元。

（3）第一次采购衣服货款2万元。

（4）其他费用1000元。

（5）余下4000做流动资金。

而林梅也是一个行动派，回到家之后，立马就租了一个门店，一下子就跟房东签了一年的租约，仅租金就付了4.8万元，手头的资金一下子就紧张了起来。为了不让门店空置，她又投进了2万元进货。由于资金紧张，门店未进行装修就草草开业了，而且一次就雇了两名导购。虽然她们都很努力地工作，第一个月还是没有多少利润，月底支付了员工的工资，林梅的资金就所剩无几了。后来，又因经营不善，她只能关门了。

两个人同样打算用5万元创业，可以说创业的资金都不多。杜宪由于事先对创业资金做了很好的计划，有了很合理的分配，到开业后还能够有4000元的流动资金，让服装店保持良好运转。而林梅却一股脑儿把大部分的创业资金砸在房租上，以致自己不得不临时增加2万元的创业资金。而最后还是因为资金分配不当而导致生意失败。从他们两个人的创业经历中，可以清楚地看到，对创业资金的分配不同，其创业的结果也就不同。想要顺利创业，让自己获得更多的收益，就要学会合理分配有限的创业资金。

那该如何合理分配有限的创业资金呢？

1.从试营业开始

通过自己的营销方式，先从小开始做，这样在创业过程中就不会出现因资金短缺而造成创业损失的现象，在不断成功的营销收获中，就可以得到或多或少的资金，时间一长，就可以积累到自己需要的一笔资金，到时候就可以放开手脚大干一场。

2.珍惜手中的现金

为了避免资金周转困难，一定要珍惜手中的现金，以防发生不测。对于创业的场所与设备，能够租房的就租，设备能够租到的就不花钱买，也不要急着雇员工，必须加人手时再招。创业时一定要考虑到在开始一段时间很可能没有生意，手中的现金很重要。

3.不花大钱做宣传

在创业的过程中，宣传是最重要的一个环节，然而宣传也是最花钱却不能马上见效的一个步骤，所以在创业初期，不要花大量的钱去宣传，只要宣传到位即可，不要影响创业的资金流动。

创业之初，一定要给自己留出足够的流动资金，以应对一切不在计划之内的事情发生。这也是为了让自己的事业顺利经营下去，早日收回成本，走上净赚的道路。

合伙创业，风险同担

如今社会经济开放，创业致富就跟家常便饭一样，任何人只要想就可以创业。确实，成功创业相较于给别人打工，更能够致富。但是创业是有风险，而且风险很大，一旦失败也许就全军覆没。为了给自己一点喘息的机会，不至于让自己辛苦累积的资产一下子灰飞烟灭,可以选择跟别人一起合伙创业,让他人跟我们一起同担风险。成功了大家一起赚,失败了有人分担,也不至于让自己亏那么多。

"蚊二妞"是一名年轻的公务员,她有一个开咖啡店的梦想,但是开一家咖啡店少说也得好几万,她也没办法一下子拿出这么多钱,况且,不确定创业能不能成功,也不能辞掉自己的工作去专门开咖啡店。毕竟承担不起这种风险。于是,她就产生了与别人合伙创业的想法。

为了完成自己的梦想,"蚊二妞"在豆瓣网上发了一个题为《我们用2000块钱来开咖啡馆吧》的帖子。在帖子里,"蚊二妞"这样写道:"我们拿不出几十万上百万,也不可能辞掉工作专门开咖啡馆,自己也承担不了几十万的风险。但我们可以用我们一点点的钱一点点的时间,凑成很多的钱,很多的时间。名字就叫响亮的'很多人的咖啡馆'。"这个提议发布后,就收到了不少质疑的声音,但同时得到了更多有着同样梦想的网友的响应。如今,"很多人的咖啡馆"不仅开业了,而且还举办了增资扩股大会。全国各地也纷纷涌现了这样的咖啡馆,越来越多的人也都认同了这种创业的模式。

创业有风险，而且需要大笔资金，"蚊二妞"作为一个年轻的公务员，虽然有创业的想法，但没有足够的资金，而且一个人也承担不了开咖啡厅的风险，所以，她就找人合伙创业，每个人只要拿出2000元就可以了，即使是创业失败，每个人也就仅仅损失2000元，也就是说他们只需要承担2000元的风险。这样每个创业者承担的风险要减少很多，而且可以合理分工，增加创业成功的概率。

不过，合伙创业，最重要的还是选择合作伙伴。如果选了一个错误的人，那么，辛苦得来的创业机会就只能付诸东流。有人说合伙创业就像是婚姻一样，选对了那就是长盛不衰，越过越甜美；选错了，那就是三天一大吵，两天一小吵，最后只能离婚。所以，如果合伙创业致富，要慎重选择合伙人。

那么，哪些人可以考虑作为合伙创业伙伴呢？

1.上级领导或者下属

由于以前就一起工作，而且是上下级的关系，比一般的同事更加熟悉，也更能够互相信任。由于以前就有领导与被领导的关系，所以在合伙创业的时候，很容易形成以以前的领导为核心的创业团队，其凝聚力和向心力都会比较强，劲往一处使。这样的组合会让创业更容易成功。

2.同学

在学校的长期相处中,每个同学的能力如何,人品个性如何,都有大概的了解。如果两个人的感情还不错,那么,这个创业团队的成功可能性非常大。因为我们肯定要选一些志同道合的人合作,加上两人的感情不错,那么这个创业团队的感情基础就会非常坚固,在创业的过程中就能够做到有福同享有难同当,两个人能够齐心协力为致富出力。

3.老乡

如果在远离他乡的地方遇到一个老乡,那是非常激动的事情。在中国,很多人都会非常在意老乡和地缘因素。如果我们能够跟老乡合伙创业,就能够广泛调动各方面的人脉资源,成功的概率也就比较高。不过,在一开始的时候就要规划好整个创业团队高层领导的"轮换""退出""接班人"制度,避免后期内部争斗。

可以说,以上三种人是比较适合合伙创业的,但并不是所有这三种关系的人都适合,必须要符合以下三个条件才是能够同担风险的创业合伙人。

第一,相互熟悉,互相信任。这是共同创业的前提。

第二,各有特长,合理分工。这是共同创业团队组成的基石。

第三，有一个明确的、获得大家认可的带头人。这是共同创业的关键。

借别人的钱创业

对于广大的创业者来说，想要创业致富，最大的障碍就是钱的问题。正所谓"巧妇难为无米之炊"。一般的创业者是不可能通过给别人打工积累到几十万元的创业金的。那么，就因此而停止创业致富的步伐了吗？不，我们可以借别人的钱来创业。如何筹到这第一笔创业经费，就成了每一个想要创业的创业者最头疼的问题。

大家都知道，在还没闯出名堂的时候去找银行贷款基本上是行不通的。对于前景不光明的创业者来说，想要通过银行贷款以供自己创业致富，那是相当不容易的事情。那么，如何借别人的钱来创业呢？

当向银行筹款行不通时，很多人立马把眼光转向了亲朋好友那里，其实，从别的企业那里借钱要远远好过向个人借钱。如果能提前从客户那里收取费用并押后向供货商支付费用，那么就等于是用他们的钱来壮大自己的事业。

徐一朝在一家外贸公司工作，他的家面对着一条大街，耳濡目染，发现自己的家所处的位置就是一个很好的商机。于是，他用自己的工资，把自己的家装修了一番，把它改成了一个临街的铺面，想找个机会自己也创业赚大钱。但是装修耗去了他大半的钱，他已经没有钱再投资创业了。他想到了向银行贷款，可是自己又没有好的项目来吸引银行，亲朋好友对他的创业举动也不支持，所以他只能另寻他法了。

创业的事因为资金的短缺暂时搁置，他在为公司开发业务的时候也给自己留心创业机会。有一天他惊喜地发现，他所在城市的一种装粮谷用的铁皮桶很畅销，这种铁皮桶都是从外地进货的，本地没有生产。于是他就跑去外地找到一家铁皮桶加工店与老板做起了交易。由他以门面入股，厂家以设备、技术入股，在自己所在城市合资开一家铁皮加工店。这是他所在城市的独家生意，厂方考察后，表示很乐意与徐一朝合作。由此，徐一朝没有投入一分钱就成功地做起了铁皮桶加工厂的老板。同时他还学会了制作工艺，又学技术又赚钱。一年后，掌握了技术并积累到创业资金的徐一朝就自己独干了，他辞去了外贸公司的工作，自己当起了老板。

从徐一朝的创业经历中，可以看到，只要善于开动脑筋，除了通过向银行贷款、向亲朋好友借钱的办法，还可以通过别的途径得到资金来创业致富。徐一朝利用门店入股的形式，自己不花一分钱就让铁皮桶的厂方帮他开起了铁皮桶的加工店，为他的独立创业打下了良好的基础。他又用合作的便利，学习技术，使合作效用最大化。

其实，很多创业者一说到向别人借钱就感觉不好意思，有的人甚至觉得求人是很丢脸的，欠款是一件很没面子的事，只有利用自己的劳动得到的金钱用起来才理直气壮。虽然知道自己创业比给别人打工赚钱来得快一些，但是由于没有资金，这些人也就安安心心做一个穷人，固守着那份自欺的清高，万事不求人。但是，看看那些富人，他们总是会想尽一切办法利用身边的资源为自己服务。就像上面提到的徐一朝，他在为公司工作的时候，也在为自己的事业寻找机会，虽然自己的资金不足，但他说服了厂家与他合作，帮他创业。

从徐一朝的身上，我们也应该看到，借别人的钱来创业，并不真的需要我们去张嘴要钱，只需要开动脑筋，转一个弯，利用他人的资源为自己的创业铺路。看看张一航的创业经历也许我们就能够更加明白借别人的钱来给自己创业的道理何在了。

◇ 张一航是远近闻名的瓜果批发商，拥有7支车队专门在各个

第四章 发现商机,让财源滚滚来

城市之间转运瓜果。他成为瓜果批发商是始于一个偶然的机会。

那一年,张一航受不了给人干苦力赚钱糊口的生活,就告别了家人,只身来到了广州,想在那里开创一份属于自己的事业。可是没有工作经验的他在广州找工作很不顺利,眼看自己带过去的钱都快花光了,工作还没有找到。

有一天,他正在街上走着的时候,有一个卖水果的人跟他叫卖李子。他一听,四块钱一斤!而李子在他们家那边一块钱就可以买四五斤。他看到了商机,立马去找水果批发市场,发现在广州批发价也要两三块钱。于是他找了一个批发商说:"李子我有很多,到我的家乡去,我给你一块钱一斤怎么样?"那位老板很快就同意跟他去看看。

于是张一航就跟这位老板合作,在家专门收购李子,只用了几天,他就赚了一万多元。尝到了甜头的张一航,之后就常常到各大城市看看,做起了专门往这些大城市批发瓜果的生意。

张一航只是在中间牵了一条线,活用了自己掌握的资源,就成就了自己的事业,借着别人的钱从一无所有的穷小子变成了远近闻名的瓜果批发商。其实只要用心,即使没有创业的资本,即使不张嘴朝别人借钱,我们还是能够利用别人的钱干自己的事，让自己更快地达成成为富人的梦想。

当亲朋好友的天使投资人

天使投资，官方的定义是权益资本投资的一种形式，是指具有一定净财富的个人出资协助具有专门技术或独特概念的原创项目或小型初创企业，进行一次性的前期投资。它是风险投资的一种形式，在根据天使投资人的投资数量及对被投资企业可能提供的综合资源进行投资。我们当不起小型初创企业的投资人，但当得起亲朋好友的天使投资人。其实，天使投资在美国还有个别称叫"3F"，即Family、Friends、Fools（家人、好友、傻瓜），意思就是，要支持创业，首先要靠一群家人、好友和傻瓜！所以，我们可以从亲朋好友的身上做起。这样，我们也不用担心自己的资金安全问题，自己也不用抛开工作，如果他们的创业成功的话，我们就可以轻轻松松领双薪过日子。

现在，创业已经成为社会上的热门话题，一种时代潮流，很多年轻人都开始追逐自己的创业梦想，就连远离城市的乡村都有很多创业机会。所以，我们要找到一个充当天使投资人的机会是非常容易的。

张少华来自广东，工作了8个年头后，年收入仅工资就有二十几万了。前几年他们家乡出台了一项扶贫的优惠政策，鼓励并支持在家务农的人自主创业。在了解了市场的行情之后，他就资助弟弟在家乡进行创业。

他给弟弟投资了12万元，在家修建了300余平方米的猪舍，购置了相关设备，并购进60头优良肉猪，让弟弟饲养，两兄弟约好了将来的盈利对半分。由于他弟弟的精心经营，在短短的半年时间里，弟弟养的小猪已增加到132头，当年年底，他们兄弟俩已经开始盈利。现在，他的弟弟已经带动村民走规模化、产业化和科学化的养殖之路，发展无公害养殖，实现产、供、销一体化，已经成立了自己的公司。现在张少华已经不用再往里投钱了，只需要在年底的时候参加分红就行了。

从张少华的经历中，可以清楚地看到当亲朋好友的天使投资人的好处——在不耽误工作的同时，仅仅是进行资金资助，每年年底就能够享受到资金分红。当然，要想达到这样的效果，首要的前提就是我们资助的创业活动要取得成功，至少需要有盈利，否则，也是没法拿到双薪的待遇的。

当然，这种投资跟我们借钱给亲朋好友创业是两回事，这种方式是投资入股，创业盈利之后给我们的是创业的利润分红，而不是还我们的钱。这就需要我们在投资的时候就要商量好分红的比例，最好是签订一份合作的合同，这样就不会在以后产生经济纠纷。

网络店铺唯有"惊鸿一瞥"

当今社会，很多赶在潮流前面的年轻人都对网络购物情有独钟。很多人已经不再迷恋在商场徜徉、受卖家蛊惑的购物方式了。他们更偏爱静静地浏览网页，挑选自己喜欢的商品。网络销售模式已经越来越成为年轻人的新宠儿。

由此可见，在网上开个小店，也是不错的创业方式。

小李是服装学院毕业的学生，对中国传统服装非常感兴趣。在学校学习的时候，就常常研究中国各个朝代的衣帽配饰。毕业后，小李在一家服装厂工作，工资不高但非常稳定。工作之余，小李依然没有放弃自己对中国传统服装的喜爱，常常自己设计一些样本出来，并把这些图片放到博客上和别人分享。没想到，她的这些设计受到了很多人的喜欢，微博的点击率迅速上升。小李大受鼓舞。后来，她想到如果把这些设计元素放到婚纱或者晚宴服上，是不是也会有很多的买家呢？小李联系到了一家可以定制礼服的工厂。产品经理看了小李的设计后，非常赞赏，当即决定与小李签订合同，负责加工成衣。

第四章　发现商机，让财源滚滚来◇

　　小李在网络上开办了自己的网店，专门经营自己设计制作的礼服。由于小李的设计极具中国风情，很多中产阶层女性非常喜爱她的服饰，加之每件礼服的设计几乎独一无二，小李的作品深受客户欢迎。小李还把她的网店和微博链接在一起，和顾客、朋友一起讨论设计方案。以前小李只是在下班之后兼职做做网店的工作，后来订单越来越多，她现在已经全职投入在设计和网店经营当中。

　　网店通常具有传统实体店不具备的显著优势，比如，手续简单，不必花费巨额的店面租金、只要有便捷的网络连接就可，经营者不必每天24个小时都守在店里，兼职也可做等。偶尔登录淘宝、拼多多等网站，可以浏览到形形色色、大大小小的网店，商品五花八门、各具特色，一点也不亚于商场和精品店。这些网店风格各异，网民们可以根据自己的喜好，几乎在网站上都可以拍到自己倾心的商品，购物方式轻松自在、悠然自得。网店经营是个很有发展前景的创业空间。但是怎么才能够使自己的网店独树一帜、迅速创造利润呢？

　　首先，创业者必须对自己的宝贝精心地量身定制一番。以服装为例，很多网店都标榜自己的商品最潮、最物美价廉，但是不同的网店却依然会产生出不同的等级和信誉。这又是为什么呢？究其原因，很多卖家在开店前，并没有对同类产品的其他网店做一个详细的调查。如何从同类产品的网店中脱颖而出，是开店制胜的重要法宝。就算是衣服的质地也分棉麻纶绸，产地也分欧美韩日，自主设计还是代销代售，门道也非常多。一些自创品牌的网店，拼的不是价格，拼的是风格，衣服一个款式仅此一件，即使价格高也有下单的买家。因此，创业者开店前，必须得好好琢磨琢磨：我的宝贝应该具有什么风格？设计元素应该重点体现在哪里？怎样才能被买家们一眼相中？

其次，开发出独具匠心的优质服务。为顾客提供优质、贴心的服务也是扩大店铺声誉的好方法。有些卖家的营销方法就非常有人情味，他们对自己的顾客非常用心，每次都会随商品附送一件小礼物，比如几颗漂亮的糖果、一张精美的小卡片等。产品包装得非常用心，就算是没有当面交易，买家也会感受到卖家的体贴、温馨。顾客群保住了，还怕财源不广进吗？

最后，一定要记住网络交易一定要保证信誉。网络交易不同于传统交易方式，不是一手交钱，一手交货。在某种程度上，买家比卖家承担更多的风险。买家买了东西，用过之后出了问题，买家和卖家之间必须得"掰扯"清楚。这种交易方式和商场购物差别很大。一方面退换货问题容易引起纠葛不说；

另一方面，网络销售中，消费者的心理非常脆弱，他们秉承着"信任只有一次"的敏感的心理预期，只要有一次产品质量问题没能如愿顺利解决，买家就会对网店的印象大打折扣。同时由于买家和卖家天南海北，沟通也会存在很大问题，如果卖家不能设身处地为买家着想，恐怕日后的生意就难做了。

凡此种种，网店要赚钱，一定要物以稀为贵，不论商品、服务，还是信誉都要保质。至于如何开店、进货、销售、拍照、店面美化、物流控制等不做赘述。无论创业者选择怎样的经营模式，都需要坚持一条"万变不离其宗"的原则——网店一定要具有惊鸿一瞥的风格。相信"世界上没有两片相同的叶子"，把自己的风格发扬光大，让不同之处差别更大，网店才会受到更多的瞩目。

第五章
低薪时代，干份兼职赚外快

别错过工作之余的许多致富机会

很多人都有这样的想法：为什么我努力工作，生活却不如不努力工作的人？为什么我工资比他们多一些，却还是比他们穷？为什么我努力工作却买不起私家车？为什么我努力工作却买不起大房子？为什么我努力工作，生活还这般拮据？

在我们的身边，也有很多长辈在自己的岗位上倾注了毕生心血，但他们现在的生活却很艰难。他们中的一些人还在用退休金还债，一些人连生病住院自付部分的钱都没有着落，还有一些人靠左邻右舍的施舍过日子……

看着这些，我们是不是要质疑努力工作的必要性？其实努力工作没有错，只是如果只把心思放在工作上，我们就会错过工作之余许多致富的机会，如果我们能够充分利用工作之余的致富机会，还是可以在不耽误工作的前提下加快致富的步伐。

第五章　低薪时代，干份兼职赚外快

王晓莹和苏琳是同一个楼层不同公司的两个前台。由于两家公司的门面靠得比较近，两个前台天天见面的机会多了，也就成了朋友。她们的工作是每天接打电话，上班时间内有大把大把的空余时间。王晓莹大学学的是中文专业，尤其爱看小说，如今的工作这样悠闲，她又想起了小说这件事，但是在公司上班又不能带着小说来看。于是她就在网上四处看，但是现在的网站都需要付费才能够看完所有的内容。王晓莹从中看到了商机，她想："既然我看不了，我就写吧，说不定我也能像他们一样可以靠写书生活呢！"于是她就在网上注册了一个作者的号，每天在工作之余就添加内容。想来是因为王晓莹的文字底子好，她还没写完就有人给她打电话要签她那本小说的版权。这一签她一下子就得到了2万元的收入。由于工作的空余时间多，她一个月就能够完成一本十几万字的作品，一年下来她仅靠自己在工作之余写的小说就可以拿到20多万元。

而苏琳天天还是照样百无聊赖地过日子，有电话过来就接，没有就在那里盲目看网页，时不时在网上买点东西。她们就这样过了两年，王晓莹靠着自己写稿子的收入在市郊买了一套房子，虽然小，但总算是安了家，而苏琳仍然是靠着每个月2500元的工资过日子，生活跟两年前还是一样，没有改变。

苏琳和王晓莹同样都是在公司里做前台工作，工资同样是2500元，两年之后，一个还在原地踏步，一个已经买了房子，差别这么大的原因是有没有抓住工作之余的致富机会。王晓莹利用自己工作的空闲时间很多的特点，写稿子赚钱，而苏琳则白白浪费了这些时间，甚至利用这些时间去网上购物，做一些消耗自己钱财的事。从她们俩的财富观差别上看，可以深切明白抓住工作之余的致富机会是多么重要。

在上班的时候，不要只为了工作而上班，可以在上班之余寻找致富的信息。只要有心，我们的周围随时存在着致富的机会。也许我们左脚和右脚都各踩着一个致富的机会，关键是我们有没有发现它。相同地，致富的机遇也往往就藏在我们日常的生活中，关键是能不能发现并抓住它。我们中的许多人苦苦追求财富，但最终还是两手空空，就是因为他们不善于发现身边的财富。

不过，利用工作之余的时间进行创富，一定要权衡好时间安排，不能因为业余的工作忽略了正职的工作。想要抓住工作之余的致富机会应该注意哪些问题呢？

1.工作和兼职要分明

兼职如果要花时间，只能花业余的时间。上班时间就是上班，单位已经以工资的形式买下了我们的上班时间，不可挪作他用。下班时间是我们自己的，我们可自由支配。用下班时间来做兼职，才心安理得。

2.选择一些不占用太多时间的工作

业余兼职，与全职工作不一样，它要求我们花费的时间不能太多，否则可能影响我们的正常工作。如果工作和业余工作相互是不良影响，那么可能鱼和熊掌中的任一个都得不到。

3.最好做些我们熟悉的工作

业余工作要是与所从事的行业或工作性质相关，那么成功的概率会更高些。当然，我们所从事的职业可能对我们的业余工作有所限制，我们不能违反职业道德或是职业规定来做业余工作。像王晓莹做的是前台的工作，创作小说不会跟她的工作起冲突。

只要能够处理好以上三个方面的问题，我们就可以放心大胆地去抓住工作之余的致富机会，让自己更加迅速地实现成为富人的梦想。

找一份兼职，增加资金的额外收入

现在是一个通货膨胀的年代，死薪水搭配死利息，工薪族要致富可真是比登天还难。一位拥有200万元存款的小富翁，只要把钱放在年息4%的投资商品上，一年光是利息收入就有8万元,相当于每月超过6000元。但反过来说,月薪6000元的工薪族,就算不吃不喝辛勤工作一整年,也存不到8万元。在这样的情况下,如果我们想要生活得好一点,就要找一份兼职,增加额外收入。

彼得·林奇10岁那年,父亲因病去世,全家的生活陷入困境。为了缓解家庭的经济压力,他在一个高尔夫球场当球童。读完中学后,顺利考进波士顿学院,即使在学习期间,他也未放弃兼职球童的工作。大学一年级时,林奇获得了球童奖学金,加上积累的小费,他不仅可以自己支付昂贵的学费,而且还剩下一笔不小的积蓄。

大二那年,他听完证券学教授讲授的美国空运公司的未来前景后,立刻从积蓄中拿出1250美元投资飞虎航空公司的股票。这种股票因太平洋沿岸国家空中运输的发展而暴涨。林奇凭借这笔资金狠狠地赚了一笔外快,这笔钱供他读完了大学,还读完了研究生。

彼得·林奇攻读研究生时也没有闲着,他早已经深深体会到各种兼职给他带来的金钱收获。他利用暑假时间,在富达公司找到了一份兼职工作。那时候富达公司在美国发行共同基金的工作做得非常出色,所以彼得·林奇能在这样的公司实习是件很幸运的事。在富达公司，他除了得到比较可观的实习费外，还通过深入接触股票，认识到了股票的实质。

后来，他正式进入了富达公司工作。1974年，彼得·林奇升任富达公司的研究主管。1977年，彼得·林奇被任命为富达旗下的麦哲伦基金的主管。从此他拥有了一片可以展翅高飞的天空，成为众人仰慕的投资大师。

看看投资大师彼得·林奇的早年生活，一直都有兼职伴随着他。小的时候当球童，这个兼职一直干到大学期间。到研究生的时候，他还是一直在做着兼职的工作。从上面的资料中，可以看到，兼职不仅仅给他积累了生活所需的资金，还给他带来了很多在日后非常受用的知识，让他在投资界崭露头角，为自己带来丰厚的资金收入。

虽然彼得·林奇是在上学期间做的兼职，但是这个情形跟工薪族也是有一定的相似之处。我们有正职，而彼得·林奇有自己的学业，都只能在空余的时间去做兼职。而且，彼得·林奇的"正职"还不能给他带来收入，而我们的正职却是主要的资金收入的渠道。这样一来，更能证明兼职能够帮我们增加资金，彼得·林奇都能够靠兼职养活自己，并且完成了学业，那么我们在已经有正职收入的基础上再加上兼职的收入，想必我们的生活将会更加轻松。

在如今的信息时代，寻找兼职的机会也是非常多的。兼职已不像以前那样让人感觉异样和新鲜，许多人对此已经跃跃欲试，更有不少人已经在兼职的道路上轻车熟路地"脚踏两只船"了。大多数的人是为了赚钱，但也有不少人却是靠兼职忙出了生活的乐趣。在工作之余，他们每月能多存一定的财富到自己的退休账户中滚存复利，甚至还走出了跟一般人不一样的生活方式。不要以为做兼职是非常辛苦的事，它除了能够给我们增加资金之外，还能丰富我们的生活。

要知道，一个人如果在一个封闭的环境中待的时间久了，就很难有所突破，难以拓展人生经历。自己的专业水平在一个小环境里也不容易提升，而且长时间待在一个相同的环境中，也会让人产生厌倦感，会消磨人的激情和创意，而如果选择一份合适的兼职，就能够从封闭的环境中走出来，接触到更多的人和事，不仅可以提高工作能力，还可以积累一定的工作和社会交际关系，帮助我们在正职上有所进步。

将爱好变成赚钱的发动机

很大一部分人从事的工作并不是自己的爱好，只是为了生存，不得不干着自己目前的工作。我们都知道，找工作其实就是寻求一个能够发挥自己能力的舞台。尽情发挥自己的潜能是每个人都渴望的,但是现实中本职工作往往只能用到个人能力的一方面,无法让自己的能力得到淋漓尽致的全面发挥,更不用说满足自己的兴趣爱好了。然而,如果我们能够坚持自己的兴趣爱好,也能在不影响正职工作的前提下,将爱好变成赚钱的发动机。

姜师傅是一个国企员工,已经年过半百。他一直都喜欢花花草草,下班之后就在家里摆弄花花草草,时间长了他发现鲜花特别受到大家喜欢,但在他们那里又没有专业花卉市场,自己又特别喜欢盆栽和花卉,所以他便有了下班之余做做卖花生意的想法。随后他拿出家里的一些积蓄租了一亩地作为花圃开始种花,一边向种花能手请教,一边查资料学经验,这一干还真干出了一点成绩。

姜师傅说:"早晨6点多是浇花的最佳时机,每天早起浇完花后就去上班,中午的时候回来卖两个小时,下午再去上班,下班之后晚上再卖,周末的话就可以全天做买卖。"对于姜师傅来说,爱好是第一位,其次才是卖花的收入,而且,由于姜师傅把花侍候得很好,生意也不错。姜师傅说:"生意最不景气时一天也能卖两百多元,最好的时候还能卖上千元,除去花圃等各种费用,每个月的纯收入也有上万元。"

姜师傅已经是年过半百的国企员工,再过不久他就要退休了。不过因为他一直坚持在下班的空余时间里做卖花的生意,一个月纯收入都能够有上万元,所以,即使到时退休了,这份兼职也能够让他过上不错的生活。从姜师傅的身上,我们可以看到,干着不喜欢的工作和实现自己的爱好一点都不冲突,我们甚至可以像姜师傅那样让爱好给自己带来丰厚的收入。

夏梦洁一直都很喜欢写作,曾经是中文系有名的才女。毕业之后,她进了一家事业单位,平时工作很清闲,所以她就用自己的爱好打发无聊的时间,写一些文章投到报社,没想到自己的稿子第一次就被顺利采纳。看到自己的爱好竟然能带来收入,夏梦洁坚定了坚持自己爱好的决定。她开始有针对性地给不同的报社、杂志社写稿,并将写稿当成一份事业来做。

现在,夏梦洁每月的稿费收入少则数百元,多则上千元,而且生活也变得快乐而充实。不仅打发了闲暇的时光,更重要的是也能从自己喜欢的事情中赚钱。

其实,每个人都有自己的一点小爱好,有人喜欢唱歌,有人喜欢跳舞，有人喜欢打游戏……像唱歌，唱得好的可以去酒吧、咖啡厅驻唱，或者是街头唱歌都可以。总之，只要我们愿意，总是能够找到用自己爱好赚钱的方式。

俗话说："赚钱之道，上算是用钱生钱，中算靠知识赚钱，下算要靠体力赚钱。"但不管用什么方式，只要靠自己的努力赚钱，都有机会打造不平凡的人生。对于大多数工薪族来说，利用自己的爱好做兼职的一个最直接益处是可以挣外快，能够增加自己的收入，从而改善经济状况，让自己有财可理。事实上，只要运作得当，利用爱好做兼职带给我们的好处远不止这一项。

多多开发一些入账的门路

中国有句古话："人无外财不富，马无夜草不肥。"确实，再好的马如果只给它一日三餐，夜间不加饲料的话，它也不会肥壮起来；就如同人一样，只守住一番天地，没有自己的创新发展，到什么时候也不会富裕起来。如果每天只守着自己的工作，朝九晚五，仅仅依靠那点工资，也是富不起来的。所以，除了一份稳定的工作收入以外，还可以身兼数职。这些兼职不仅仅能加速财富积累，同时也能让我们开阔视野，增长见识。

美国前副总统阿尔·戈尔虽然身处国家要职，但是他非常懂得"人无外财不富，马无夜草不肥"的道理。他没有只守着国家领导的职位，没有只靠国家领导的收入生活。他兼具环保先锋与绿色能源投资人的双重身份，一方面唤醒国际社会正视全球暖化与再生能源等议题，另一方面又能身体力行地推广绿色能源理念，而且获利丰厚。

自从2001年离开公职后，戈尔将个人所赚的数千万美元资金，大量投入各种环保科技与创投，包括碳排放交易市场、太阳能电池及无水马桶，同时捐助数百万美元给自己一手推动的环保联盟与气候计划，该计划旨在培训环保人才。戈尔的著作《我们的选择》完全用再生纸印刷，版税也全数捐赠给环保联盟。他的演讲行情通常一场高达10万美元，但他时常分文不取。

据《纽约时报》报道，由于投资苹果与谷歌公司的股票，加上出书与纪录片的版税，戈尔的身价直线飙涨。戈尔在2001年年初卸下副总统职务前，申报的财产包括华盛顿州与田纳西州的房产，总金额不到200万美元，现在早已突破"10亿美元俱乐部"了。

虽然美国前副总统阿尔·戈尔职位特殊，但是这也不妨碍我们从他身上学习掘取外财致富的做法。阿尔·戈尔有一个固定的职位，但是他并没有让自己仅仅依靠自己的公职来赚取财富。即使他离开了国家领导的职位之后，也没有只依靠一个工作来获得收入。他不断地关注有发展前途的公司企业，投资它们，入股它们，从中得到回报，还出书和纪录片赚取版税。多渠道收入，让原本只有200万美元的他只经过不到10年的时间就拥有10亿美元。

如果阿尔·戈尔没有兼职，一心只干着国家领导的工作，是不可能拥有这样多的财富的。如果阿尔·戈尔在离任之后没有多方面找赚钱的门路，仅仅依靠副总统职位的退休金，想必他原本就有的200万美元也会慢慢花掉。我们要从中吸取经验，不要死守着那一份正职，应多多开发一些入账的门路，这样就可以为致富提高速度。

现在依然有很多人狭隘地认为兼职只是穷人才去做的苦力活，这种思想严重阻碍着他们的求富思维。于是，即便是赚外快的机会幸运地找上了他们，因为好面子、怕丢人，或者害怕辛苦，他们也不肯接受，依然靠着那点微薄的薪水，勒紧腰带度日。

事实上，赚外快已经是常见的现象了。身兼多职会让你认识更多的人，接触更多的工作，体会多种多样的生活。人生本来就应该是丰富多彩的，如果被一项工作遮住了全部的视线，那是非常可惜的。

给自己谋划一份不在职收入

对于上班族来说，正职就是在用时间换钱，用时间"熬出"不多的金钱。时间换钱的赚钱方式，所赚的钱永远都有一个极限，因为人的工作时间是有限的。所以，在这个世上，许多人用80%的时间和精力努力工作，换取20%的收入；另一小部分人，却能够用20%的时间和精力去创造80%的财富。要学会走出这样的困境，为自己谋划一份不在职的收入。

曾永江在一家民营企业当项目经理，月收入3000元左右。孩子出生前，家庭的收支还算平衡。但自从孩子出生后，家庭开支突然加大，开始收不抵支。他本想再去兼职做一份工作，但由于孩子很小，做家务和照看孩子导致没有时间，于是他需要一份不在职收入。

为此，他请教了在银行工作的好朋友，朋友建议他进行投资，如果不懂股票什么的，可以投资小企业，或者是开一家门店，请别人过来照顾。曾永江分析了自己的情况，决定还是先卖点东西比较好，毕竟自己一时也拿不出太多的钱。

于是他就在城区最大的商场租了一个门店卖衣服，让一直当导购的堂妹帮忙管理销售方面的工作,他提供原始资金,由堂妹来打理一切业务,他每个月根据业绩给堂妹发工资。由于他的条件比之前的雇主给的要好,能够自主进货自己打理一切,而且薪资的条件也不错,加上又是自己的家人,堂妹就义不容辞地过来帮他了。由于堂妹多年的工作经验,曾永江的店开店第一个月就有了盈利,除去进货的成本和给堂妹发的工资,还有3500元的节余。这就等于还有一个"曾水江"在替自己赚钱。

自从有了这份不在职收入后,曾水江的经济生活开始宽松起来,不再那么拮据了。他获得这份不在职收入已经3年了,现在回忆起来,他深有感触:"有一份不在职收入,太重要了!还好3年前做出了雇人开店的决定,不然这3年都不知道要怎么过来。"

曾永江虽然开了一家店,但是所有的事务都由堂妹打理,自己一点都不用操心,不用看店,完全依靠堂妹给自己赚钱,每个月白白多得3000多元,一下子就缓解了拮据的生活状态。

其实,如果细心观察一下,就会发现这样的现象:有很多同样在一个单位上班,拿着同样多薪水的人,生存状态却有云泥之别。有些人还在租房住,还在挤公车上班;但另一些人,却能住上价格不菲的大房子，还开着小车上下班。细究其中的原因，就是因为有些人有不在职的收入，而有的人却没有，仅靠一份工资养家糊口。

在职收入，在形式上是一种以时间换金钱的收入方式，也就是说我们必须不断地工作，不断地付出，才能获得经济回报；一旦工作和付出停止了，回报也就随之停止。

不在职收入，就是指不用工作也有收入。就像曾永江，他即使不去那个小店里上班，不管那个小店的生意，但是他每个月从那个小店里还是有钱进账。这样的收入不会消耗我们的时间，也不会消耗我们的精力，何乐而不为呢？

可以说，拥有一份不在职收入很重要，但并不是说我们想拥有一份不在职收入，我们就能拥有。不在职收入，需要谋划，还需要一定的时间来打造。有时谋划一份不在职收入可能需要几年，所以谋划不在职收入要趁早。那么，应该如何给自己谋划一份不在职收入呢？

谋划不在职收入不能人云亦云，不能因为看见某人有某种不在职收入，就盲目地谋划与他相同的不在职收入。我们的不在职收入，绝对是属于我们自己的，不能看别人做什么，自己就做什么。别人有的条件我们不一定有，我们有的条件别人也不一定有。所以，在谋划不在职工作的时候要根据自己的条件，量身选择一份属于自己的不在职收入。

就像曾永江，他的好朋友给他的建议是投资，而大家都知道，股票投资的回报最高，但是风险也最高。曾永江选择了开一家小店，就是因为他对股票的投资没有把握，而他有一个导购工作经验非常丰富的堂妹。所以，他就选择了适合自己的方式来谋划这份不在职收入。

总之，给自己谋划这份不在职收入的时候，我们不要一时心血来潮，看到别人在干什么，自己就盲目地跟着干，一定要策划好，免得到时劳心劳力，反而影响了正职的收入。

经济不景气，做什么最赚钱

经济不景气是一种社会经济现象，不是凭借一个人的力量就能够改变的，而且经济不景气往往持续很长时间，这就使得很多人对于理财投资失去了信心。但是，仍有不少工薪族在思考一个问题："经济不景气时，要做什么才是最赚钱的？"毕竟"没有钱是万万不能的"。我们需要依靠金钱来换取相应的物质来维持生命，来提高生活水平。于是，这一问题成为经济不景气时期最为炙手可热的话题。

很多人认为，危机就是机遇。在危机中能寻找到赚钱的项目，合理理财。这部分人往往在经济不景气时期也能生活得如鱼得水。很重要的一点是我们要树立起经济危机下的创业投资的信心。危机是由"危"和"机"组成的，有"危"必有"机"，即使在中国晚清年间动荡的岁月，也出现了胡雪岩这样的富商巨贾，这也就是常说的时势造英雄。

工薪族往往在经济不景气时期受到比较大的冲击，他们的工资收入会受到经济浮动的影响，很多人往往萌生了在工作以外赚钱的念头。如果能够选择到最赚钱的行业，即使某天经济不景气的情况愈加严峻，也不用担心被裁员后的经济问题。

作为工薪阶层中一员的小夏原先是心理学系的学生，大学毕业后进入某公司担任助理一职。刚进入职场不久就遇到经济不景气，小夏的工资也降了几次，自己的日常开支也逐渐拮据起来。她也始终担心资历尚浅的自己终有一天会进入裁员大军的行列。某天在家中观看婚姻调解类的电视节目，小夏忽然闪过一个念头。

小夏认为，经济稳定是一个家庭稳定的基础。如果一个高收入的丈夫突然降薪了，甚至是失业了，高级住宅不能住了，买的车要转手了，生活品质忽然就下降了——经济不景气导致的生活方式的改变，不仅让人无法习惯，也常常让人无法承受。夫妻之间在情绪上的郁闷与纠结就不可避免地发生，又会升级成为吵架甚至离婚。小夏觉得婚姻门诊对于在经济不景气时期的家庭来说应该是个很好的选择，这一区域的市场应该是不错的。于是小夏凭借自己在大学里的专业优势，在上班之余开设了一家婚姻诊所。可以说，在这个时期，小夏是挣鼓了荷包，在同事们都在为经济不景气唏嘘不已时，小夏已经找到了另一个"创收"的来源。

经济不景气时期，很多工薪族像小夏一样通过自主创业日进斗金。从当前繁杂的各种行业中，我们可以发现，很多行业在经济不景气时期也是很赚钱的。

在经济不景气时期，即使大多数人的工资大大减少，但是总有一部分的消费是不可避免的。而这一类的消费往往集中于生活必需品的行业。也就是我们常说的大众消费行业。这一领域是无论谁都要消费的。一旦发掘这个领域的商机，即使在经济不景气时期，必然也能挣到不少的财富。

此外，在当前电子商务火爆的网络时代背景下，从事电子商务或是与网络相挂钩的行业的一些从业人员往往都较少受到经济不景气的影响。当前网络消费已经成为一种较为物美价廉的消费方式，网络平台商品的价格往往低于实体店中的，这也就吸引了大量受到经济不景气影响的人们的目光。网络的各项优势都成为一个巨大的市场，也存在着无限的商机。在有相关技术和知识的前提下，如果能够在网络经济中分得一份羹汤，也能够在这个时期赚取不少的金钱。

在经济不景气时期孩子和老年人的相关行业受到的影响相对较少，如果能够把握到该领域的商机，更是能创造不少的财富和利润。还有一些成本较低的行业，虽然每天的进账相对较少，但在经济寒流期不可避免地具有了风险较小的优势。

经济不景气并不意味贫穷日子的到来，也不代表财富的缩水。在经济不景气的危机中寻找商机，做好合理的理财方案，能让我们在萧条的经济中找到致富之路，能够让我们平稳地渡过经济危机，甚至迎接更加巨大的财富。

第六章
科学配置资产,别让钱从指缝中溜走

资产配置的好坏决定收益

资产配置是指投资者如何在各类金融投资工具中分配自己的投资金额。要构建一个长期投资组合,资产配置往往是影响业绩和风险最重要的因素之一。大量研究表明,中长期投资组合中超过90%以上的组合收益率和风险(波动性)来自资产配置。资产配置的好坏,很大程度上决定了投资组合的收益和风险高低。

对于普通人而言,不一定非要掌握专业而复杂的金融模型进行资产配置,而是要先对自己的财务状况、投资目标、动机、周期、流动性需求、风险偏好等方面作出一个综合评估。

这里有一个简单的法则叫作"100法则"。按照投资"100法则",风险投资品种比例占全部存款的(100-年龄)%。也就是说,用100减去年龄,就是应该投资于股票基金等风险较高基金的比例，其余部分可投资风险低的稳健型品种。市场不景气时，可适当增加稳健型品种比例。

比如，30~40岁的投资者，资产的60%~70%可用于购买风险较高的股票型基金，剩余的25%可购买一些货币、债券等较为稳健的基金。

国外一项研究表明，资产配置决定了约90%的投资收益，是平衡投资组合风险与收益的有效途径之一。考虑到未来全球经济发展的不确定性及国内宏观经济激励措施的执行情况，因为经济情况及金融市场的变化，比如，通货膨胀率的高低、利率的升降、经济周期等，对投资组合中不同类型投资品种的影响不同。投资者在今后的投资选择中要更加注意资产配置的合理性，做到股票、债券等资产的适度搭配，不仅可以控制投资回报的下行风险，还可以分享到可持续的稳健回报。

人在一生的不同阶段，由于所扮演的角色、相应要承担的责任及所面对的风险各不相同，因此，在人生的不同阶段应以不同的、各具特色的保障规划来应对。

一般来说，以所承担责任的经济责任额为重要的依据来确定保障结构及额度，费用支出以收入的10%~15%为参考，建立个人及家庭风险保障体系。

第六章 科学配置资产，别让钱从指缝中溜走◇

钱不多的人也要进行资产配置吗

作为普通投资者，要想达到理财的目的，将个人风险降到最低，重点在于把握资产配置。很多人认为，只有资产雄厚的人才需要进行资产配置，如果钱本来不多，索性赌一把，就无须再配置了。其实不然，资产配置的本意就是为了规避投资风险，在可接受风险范围内获取最高收益。其方法是通过确定投资组合中不同资产的类别及比例，以各种资产性质的不同，在相同的市场条件下可能会呈现截然不同的反应，而进行风险抵消，享受平均收益。比如，股票收益高，风险也高；债券收益不高，但较稳定；银行利息较低，但适当的储蓄能保证遇到意外时不愁无资金周转。有了这样的组合，即使某项投资发生严重亏损，也不至于让自己陷入窘境。

由此可见，资产配置确实太重要了。那么，普通家庭如何做好资产配置呢？首先，风险偏好是做资产配置的首要前提。通过银行的风险测评系统，可以对不同客户的风险偏好及风险承受能力作个大致的预测，再结合投资者自身的家庭财务状况和未来目标等因素，为投资者配置理财产品，基金和保险等所占的比重，既科学又直观，在为投资者把握投资机会的同时又可以降低投资的风险，可以说是起到了为投资者量身定制的效果。

如果已经通过风险测评系统做好了各项产品的占比配置，接下来就要在具体品种的选择上费一番脑筋了。因为同样的产品类型，细分到各个具体的产品上，投资表现往往有好有坏，有时甚至大相径庭，所以做好产品的精挑细选也是非常重要的一环。

在不同期限，不同币种，不同投资市场和不同风险层次的投资工具中，需要根据不同客户对产品配置的需求，才能达到合理分散风险、把握投资机会、财富保值增值的目标。

若以投资期限的不同来划分，可将资产配置划分为短期、中期和长期3种方式。短期产品以"超短期灵通快线"、七天滚动型、二十八天滚动型理财产品和货币基金为主；中期产品由"稳得利"理财产品及债券型基金、股票型基金组成；长期产品则以万能型、分红型保险、保本型基金居多。

若以风险程度的不同来划分，可将资产配置划分为保守型、稳健型、进取型三大类。保守型配置，由"灵通快线"系列理财产品、货币型基金、分红型保险等组成；稳健型配置，由"稳得利"理财产品、保本型基金、万能型保险等组成；进取型配置，由偏股型基金、混合型基金、投资连结型保险等组成。

另外，作为资产配置的一部分，个人投资者也不应忽视黄金这一投资品种。无论是出于资产保值或是投资的目的，都可以将黄金作为资产配置的考虑对象。像工行的纸黄金、实物黄金和黄金回购业务的展开，也为广大投资者提供了一个很好的投资平台。

实施投资组合应遵循的原则

投资者使用什么样的投资组合，要视具体情况而定，还应遵循以下原则。

1.资金原则

在投资市场中资金充裕的人可以选择风险较大的投资工具，即使损失掉这笔钱，也不会给自己的工作、生活造成多大影响；相反，资金少，尤其是靠省吃俭用、积攒投资资金的人，千万不要选择风险较大的投资工具，而应选取风险较小的投资组合。投资者到底应该拿出多少资金用于市场投资，这没有一个绝对的界限，而要视投资者的自身情况而定。

2.时间原则

投资不仅仅是一种金钱的投资，更是时间的投入。从投资准备、信息搜集、做出决策直至交易结束，所有的投资过程都需要时间。不投入时间就想取得收益是不可能的。而且，各种投资工具的特点各不相同,对投资者的知识、技能要求也不同,投资者从了解认识到熟练地掌握、运用一种投资工具,都需要花费一定的时间。因此,投资者在投资组合中选取的工具越多,就越需要投入更多的时间。投资者在确定投资组合时,必须考虑自己能用于投资的时间有多少。

3.能力原则

投资者的知识越丰富,技能越高超,决断力越强,就有越多的获胜机会。然而,投资者的能力都是有限的,投资工具如此之多,能够样样精通的人很少。兵法上讲究集中力量。力量越集中,杀伤力越强,越容易制胜。投资者也要发挥和集中自己的能力。如果投资者能力强,可以考虑较多投资工具的组合;如果投资者能力弱,则应选择较少的工具组合。同时要牢记一点,投资组合中的工具选择应是自己比较熟悉、力所能及的。

4.心理原则

不同的人,心理承受能力是不同的。心理承受能力强的人,可以选择高风险、高收益的投资组合,因为他们能够冷静地面对投资中的波折与失败,不会惊慌失措;相反,心理承受能力弱的人,则不宜选择高风险的投资组合,因为他们总担心赔本、失败,总是惴惴不安,惶惶不可终日,一遇波折,顿时六神无主，无法做出正确的决策，导致损失越来越大。如果彻底失败，他们很容易陷入极度悲伤与绝望之中，甚至走上绝路。

这并不意味着心理承受能力强的人就可以去冒险，去追求高风险、高收益的投资组合；而心理承受能力弱的人，就永远与高收益无缘。经过投资实践的锻炼，大多数投资者都可以趋向于稳中求进，采取适度收益与风险的投资组合。

定期观察并调整投资组合

投资市场是时刻变化的，把投资当作事业，就必须时刻注意市场的变化，根据市场变化及时调整自己的投资策略：不怕升，也不怕跌；升市时有升市的投资法，跌市时也有跌市的投资法。

很多投资工具，都可以双向买卖。以期货来说，投资者可以当买家，也可以当卖家。大体上，期货可分为商品期货和金融期货。商品期货包括原油、木材、棉花、白糖、生猪、生牛等；金融期货包括黄金、外汇、股市指数。投资者可以根据自己对未来的价格走势评估，决定怎样买卖，如果你认为现在的价位处于低位，预计未来价位会升，那么，你就可以建好仓，低价买入，等到以后价位升了，就可以平仓。反过来，也是一样的道理。升和跌是很自然的现象，升了的会跌，跌了的会升，不可能只升不跌，也不会只跌不升。

投资者最怕的是反复市，即升了会跌，跌了会升。可是，升升跌跌却是不定风向，有时升一点便跌，跌一点便升，令投资者无法做出决定，只好放弃投资。反复市是最难分析的市况。分析时，不但耗费心力，而且费力不讨好，经常判断错误，摸索不到长线的走势。在这种情况下，到底应该怎样投资才好，是一个很伤脑筋的问题。不过，明智的投资者不会受这些现象的影响，一样可以做出正确的行动。这种行动并不是计划如何赚钱，而是先求自保、求安稳。大市既然反复不定、市势混乱，那就不要把钱放在这个投资市场里，可以暂时休息或转投其他市场。最好把钱收回来，平仓沽货，只留下一些可以长线投资的，留下一小部分的资金锻炼自己的看市能力，这样压力小，亏得起，等大市走势稳定下来再说。

初涉投资市场的人，大多认为股市、汇市是金矿，可以随意发掘，几年之内，就能赚够享受一世的金钱。期望越高，投资就越大，就会忽略投资风险的存在。尤其是年轻人，坚信赚大钱一定要冒险，当看到一个好机会时就不理会什么风险，把大量资金投进去，甚至没有什么好机会，也乱投资金，有10万元的家产，把9万元放在投资市场，万一赔了怎么办？

投入多少资金,应当先问问自己的财力。投资1亿元算不算多?在那些拥有几百亿身家的富翁眼中,1亿元并不是什么大数目,他们可以找专人研究、分析,再决定如何利用这1亿元做投资。以他们的财富,就算形势不利,1亿元全部亏掉,他们依然生活无忧。但是,如果你只有10万元,却投资10万元,肯定是过多。若这10万元全部亏损了的话,半生的积蓄便成为泡影,甚至连生计都会困难,还会连累家人。

所以说,应该定期观察或调整自己的投资组合,以规避风险,获取收益。

家庭风险须防御

"屋漏偏逢连夜雨。"有时候,一个家庭会连续出现很多倒霉的事件,这就是风险。有的人在遭遇这种打击的时候,都会怨天尤人,其实,出现连续风险看似偶然,实则必然,如果一个环节出了问题,那么与之相关的其他环节也会相继出现问题。

所以,为了保证家庭理财规划目标的实现,就必须采取一定的措施防御家庭风险。

1.要开拓收入渠道,防御基本风险

开拓收入渠道的手段有很多,比如可以参股某家公司,用每年拿到分红的方式增加收入；还可以把空置的房子出租，每个月收取稳定的租金；也可以搞些感兴趣的积极投资，例如集邮、收藏等。即使某个来源出现问题，损失都可以相互抵补。

2.通过购买保险

将风险降到最低的程度投保时要掌握好"保险投资两分离"的原则，使保险充分发挥其保障性功能。

3.要保证有适当的应急金

家中一定要存留一笔相当于3~6个月家庭收入的紧急资金。这笔资金必须能在紧急状况来临时及时应急，可以是现金（活期存款），也可以是货币市场基金。

家中管理财务的人，要保证财务的安全与透明，定期将家中的财务资料整理好，置于安全处，一旦发生问题，要让全家人都能了解财务状况。

4.用好投资组合，防御投资风险

投资组合既可以分散风险，把鸡蛋放在不同的篮子里，还可以使投资更加灵活，是工薪阶层金融投资的首选方式。家庭金融组合投资可以将35%左右用于储蓄，25%左右用于购买债券，25%左右用于购买股票和基金，15%左右用于购买保险。

5.要做好资金调剂

要能根据市场的变化及时做好储蓄、股市、汇市、基金等资金的调剂、转换工作，捕捉投资机会。新股和基金的上市及国债的发行，都是投资的好机遇，要尤其关注。

6.要遵循循序渐进、先易后难的投资原则

投资之前应从投资方式、技术要求、风险大小、操作的难易程度、风险种类等方面对各种投资品种有一个全面的了解。选择自己了解的、最适合自己的投资品种。

7.选择适宜的管理难度

虽然有些投资工具回报率看似很高，但对投资人的专业知识和时间要求也较高。如果你不具备专业能力，也没时间，就要慎重考虑了，否则，可能为此而搞得分身乏术，还会在别的方面造成损失。

8.要考虑退休和遗产规划

退休金是晚年生活的保障，一般情况下不要动用退休金投资。另外年长的人考虑投资时，应事先仔细规划，以免在将财产传给下一代时，资产净值缩水。

第七章
为财富修筑坚固的"围墙"

谨防储蓄中的破财行为

就像世间万物一样,储蓄也有一个度。存少了,不足以规避风险,存多了,赶不上通货膨胀的速度。可以说,在储蓄的过程中,如果处理不当,不仅会使利息受损,甚至有时还会令存款消失。

小雨大学毕业工作已经5年了,这5年来小雨省吃俭用,在工资卡里存了不少钱。本来她觉得这就是理财了,可以为自己留下很多钱了。但是在去年的国庆节,她参加了一个理财讲座,了解到任由工资在工资卡里躺着也是一种浪费之后,就把工资卡里的20万元全都取了出来,存成了一个5年期的定期存单。她认为在所有的存款种类中,整存整取的5年期利息最高,有2.75%的利率,而且又不用那么折腾。

第七章 为财富修筑坚固的"围墙"◇

正在小雨做着可以靠钱生钱的美梦时，爸爸从家里打来了电话，说奶奶生病急需10万元做手术，让小雨立马汇钱回家。小雨一想，自己的钱都存到银行了，还有4年才到期呢，但是这钱要得那么着急，又没有找到能够一下子借她这么多钱的朋友。没办法，小雨只好到银行取出自己才存了1年多的5年期整存整取的存款。银行支付了她201013.89元。小雨觉得很纳闷，自己20万元，已经存了1年了，当时定下的利息是2.75%，怎么自己的利息就这么点？银行的人员告诉她：整存整取的定期存款，如果还没有到期提前支取，按取款的活期利率计算利息，所以，小雨的利息就是那些。人家说得有理有据，小雨也只好作罢，赶紧往家里汇款。

如果小雨的钱一直存了5年到期的话，她连本带息应该拿到的是22.75万元，因为她提前支取只拿到一千多元的利息，这不是一笔小的损失啊！

我国《储蓄管理条例》除规定定期储蓄存款逾期支取逾期部分按当日挂牌公告的活期储蓄利率计算利息外，还同时规定定期储蓄存款提前支取，不管时间存了多长也全部按当日挂牌公告的活期储蓄存款利率计算利息，如此就会形成定期储蓄存单未到期，一旦有小量现金使用也得动用大存单，造成很大的损失。

虽说目前银行部门可以办理部分提前支取，其余不动的存款还可以按原利率计算利息，但也只允许办理一次。

即使这样，未到期提前支取还是会损失一些利息，还不如把钱分成小份，存成不同的期限，这样就可以减少提前支取的概率，尽可能地减少损失。

如果小雨当时把这20万块钱分开存，一份存为一年期，一份为两年期，一份为三年期。那么，在家里这样急需用钱的节骨眼上刚好有一笔到期，如果刚好还差几天才能到期的，可以先找朋友凑，等过几天了把钱取出来再还给朋友，这样就避免了因为提前支取而损失利息的问题了。

为避免这种不必要的损失，银行定期储蓄存款时，可以尽量巧妙安排储蓄存款的金额。比如有10万元，不妨让存单呈金字塔形，可以分存1万元、2万元、3万元、4万元各一张。这样一来，无论提前支取多少金额，利息损失都会降到最低。

还有一种做法也是不可取的，就是不注意定期储蓄存单的到期日，往往存单已经到期很久了才去银行办理取款手续，殊不知这样一来已经损失了利息。

18年前，郑小姐为了存放工资，便在银行办了一张零存整取的储蓄存折。后来，她换了工作地点，一直都没有时间回去处理这笔钱。由于辗转创业和其他事情，那张零存整取的储蓄存折一直被郑小姐所遗忘。后来她在整理家务的时候看到了这本存折，便拿着存折到银行支取。可想而知，郑小姐这十几年损失了多少利息。

郑小姐因为忘了支取存款，白白损失了一大笔钱。因此，对每一个存单都应该经常翻翻，一旦发现定期存单到期就要赶快到银行支取。

定期存款的利率比活期高，如果定期存款到期后，不去银行重新转存定期，那么储蓄存款超期部分银行就会按活期利率计算利息，这样一来，就会损失不少利息收入。如果存款金额更大一些，逾期时间更长的话，利息损失就会更大。

储蓄存款，不同的储种有不同的特点，不同的存期会获得不同的利息。在选择储蓄理财时不注意合理选择储种，就会使利息受损；而如果在储蓄的过程中有操作不当的地方，也会让财富白白流失掉。

远离盲目和贪婪，才能拥抱高收益

成功的投资者之所以能够成功，在很大程度上依赖于他们的自主。而大部分投资失败的人都是因为盲目跟从，这些人在盲目进场之后又贪婪地想要拥抱高收益，所以"赌"得都非常大。一旦"赌"错了，便一无所有。

王静怡是一名导游，平时因为工作很忙，根本就没有关注任何的投资市场。但是，2018年她见有朋友辞去了导游的工作专门投资，日子也过得风生水起，她就动心了。在没有了解任何投资理财知识的情况下，王静怡就进入了投资市场。当时的市场行情一直在往上走，账面上的收入也很不错，这让王静怡迷失了自己，忘记了风险。为了赚到更多的钱，王静怡不断地往里面投钱，手上的基金80%是指数型、股票型基金。由于基金的行情非常好，每天的净值盈利都非常可观。所以，王静怡就把自己所有的资产都投进了这些基金里。后来指数下滑，但是王静怡还抱着满怀希望，认为某一天指数终究会扭转。当指数走到了一千多点的时候，她还是没有撤资，仍抱着很大的希望。结果她连本金都没有拿回来。

王静怡在进入市场的时候，根本没有了解投资市场是什么状况，自己也没有学习投资理财的知识。只是因为当时的整个投资行情非常好，她是"瞎猫碰上了死耗子"。但是这样好的投资行情让她贪婪了起来，把自己所有的资产都投了进去。而在指数下降的时候，她还是盲目乐观，还想赚到更多的钱。由于盲目和贪婪，让她最后连本金都没有拿回来。

当一只股票、一个行业或一个共同基金突然落到聚光灯下，受到公众瞩目时，大量民众都会冲向前去。但当每一个人都认为这样做是正确的并作出同样的选择时，就没有人可以获利了。在《财富》杂志上，巴菲特谈到了影响大量牛市投资者的"不容错过的行动"因素。他警告：真正的投资者不会担心错过这种行动，他们担心的是未经准备就采取这种行动。

投资市场并非零和游戏，也不是只有从别人的口袋中掏钱才能盈利。"战胜市场、战胜庄家、战胜基金"是热门投资书籍经常提到的字眼，而投资市场真正的敌人却很少有人提及。实际上在投资市场中唯一的敌人是自己，盲目、贪婪、没有目标、没有信心、没有耐心、没有勇气，这些才是我们最大的敌人。

要深度解剖并清晰地认清自己，战胜人性的弱点。想要拥抱高收益，一定要远离盲目和贪婪。

投资领域诱惑多，理性抵制是关键

投资是通往财富之城的必由之路，在这条道路上有着许多闪闪发光的金砖，就会有人利用大家都想要得到这些金砖的心理做文章。在现实生活中，有些人往往会因为不谨慎思考或贪图天上掉馅饼而陷入这样的诱惑之中，带来巨大的损失。

孙老先生之前在一家事业单位工作。由于他年轻时勤俭持家，退休之后的资产比较可观，过着幸福和乐的生活。但是这种生活没能持续下去。一天，有一位年轻女孩递给他一张小广告，上面说投资一种名为"超净煤"的项目可以获得高额返利。那位女孩告诉他，投资这个项目，一年可以返利10%，三年可以返利15%，最高年返利17%。这样高额的投资回报，让孙老先生立刻动了心。在他看来，如果把自己的资产都投资这个项目的话，坐在家里就可以年收入20万~30万元。于是孙老先生倾其所有往这家公司投了钱。但是，到年底的时候，孙老先生没有等到自己应得的回报，赶紧联系当初给自己办理投资手续的女孩，却被告知由于企业经营不善，公司已经申请破产了，没法返还孙老先生的款项了。

为了拿回自己的资金，孙老先生选择了报警，但是他被告知所参加的是一起非法集资，而参与非法集资活动受到的损失应由参与者自行承担，法律不予保护。孙老先生的所有家产就这样白白消失不见了。

试想一下，如果孙老先生当时没有被高回报所诱惑的话，他就不会参加这样的非法集资，自己的资产也不会就这样白白蒸发了。如果他能够保持理性，在那位年轻女孩拿着广告推销的时候，警醒地发现这个投资项目不正常的地方，也就不会那么轻易上当了。要知道，在投资领域，对于渴望飞速投资致富的人来说，诱惑是非常多的，只有理性抵制才是保证资金安全的方法。

要想抵制住这些诱惑，首先要学会以怀疑的态度面对任何投资机会。在面对非常诱人的投资项目时，先问自己一个最基本的问题：有这么好的事情，他们为什么自己不干？难道天上真会掉馅饼吗？在选择一种投资方式之前，一定要问自己以下6个方面的问题。

（1）是什么人卖的产品？这个人有信誉吗？我们这里说的人是"法人"，就是我们常说的公司、企业。除了政府批准设立的金融机构，如银行、保险公司、基金公司、证券公司、信托公司等，对其他的法人都不能轻信。

（2）他拿我们的钱干什么去了？有人监督资金使用吗？他靠什么赚钱？我们希望有有公信力的机构监督资金的使用；拿我们钱的人不仅要有赚钱能力，还要有完全合法的赚钱途径，否则我们就不可能赚钱。

（3）我买到了什么？我赚什么钱？我赚钱有保证吗？我能否赚钱首先取决于他能否赚钱，其次取决于他能不能分给我钱。

（4）投资收益率合理吗？过高的投资收益率基本上都不可信，比如每年30%以上。

（5）我一旦不想要这个产品了，能卖出去吗？这是要解决投资的流动性问题，一旦没有市场出售，就赔在自己的手里了。

（6）如果产品卖不出去，我能留着自己用吗？这是投资的底线，最起码产品还有使用价值，否则这笔投资就赔到底了。

在考察任何一个投资项目时，都应当问自己这6个问题。如果某一个问题的答案是否定的，就要慎之又慎；如果有两个问题的答案是否定的，就一定不能进行投资。当然，为了正确回答上述问题，要进行一些调查研究，收集一些资料，作为决策的依据。

投资失败时要及时止损

止损也叫"割肉"，是指当某一投资出现的亏损达到预定数额时，及时斩仓出局，以避免形成更大的亏损。其目的就在于投资失误时把损失限定在较小的范围内。

在金融投资领域里，失败对于投资者来说更是家常便饭了，个人可以在顷刻间倾家荡产，企业也有可能转眼关门大吉。据统计，在期货交易中最后能够盈利全身而退的人大约不到5%。股票、期货等投资凭借其高风险和高回报的特性，已经成为一种勇敢者的游戏。面对难以避免的失败情况，倔强地坚持错误的方向无疑是最不可取的一种方式，及时止损才是应有的选择。

止损方法主要有三种：定额止损、技术止损及无条件止损。

1.定额止损

这是最简单的止损方法。它是指将亏损额设置为一个固定的比例，一旦亏损大于该比例就及时平仓。它一般适用于两类投资者：一是刚入市的投资者；二是风险较大的市场（如期货市场）中的投资者。定额止损的强制作用比较明显，投资者无须过分依赖对行情的判断。

止损比例的设定是定额止损的关键。定额止损的比例由两个数据构成。一是投资者能够承受的最大亏损。这一比例因投资者心态、经济承受能力等不同而不同。同时也与投资者的盈利预期有关。二是交易品种的随机波动。这是指在没有外界因素影响时，市场交易群体行为导致的价格无序波动。定额止损比例的设定是在这两个数据里寻找一个平衡点。这是一个动态的过程，投资者应根据经验来设定这个比例。一旦止损比例设定，投资者可以避免被无谓的随机波动震出局。

2. 技术止损

技术止损法是将止损设置与技术分析相结合，剔除市场的随机波动之后，在关键的技术位设定止损位，从而避免亏损进一步扩大。这一方法要求投资者有较强的技术分析能力和自制力。技术止损法相比定额止损法对投资者的要求更高一些，很难找到一个固定的模式。一般而言，运用技术止损法，无非就是以小亏赌大盈。例如，在上升通道的下轨买入后，炒汇者等待上升趋势结束后再平仓，并将止损位设在相对可靠的平均移动线附近。就沪市而言，大盘指数上行时，5天均线可维持短线趋势，20天或30天均线将维持中长线的趋势。一旦上升行情开始后，可在5天均线处介入而将止损设在20天均线附近，既可享受阶段上升行情所带来的大部分利润，又可在头部形成时及时脱身，确保利润。在上升行情的初期，5天均线和20天均线相距很小，即使看错行情，在20天均线附近止损，亏损也不会太大。

再如，外汇市场进入盘整阶段（盘局）后，通常出现箱形或收敛三角形态，价格与中期均线（一般为10~20天线）的乖离率逐渐缩小。此时投资者可以在技术上的最大乖离率处介入，并将止损位设在盘局的最大乖离率处。这样可以低进高出，获取差价。一旦价格对中期均线的乖离率重新放大，则意味着盘局已经结束。此时价格若转入跌势，投资者应果断离场。

3.无条件止损

不计成本、夺路而逃的止损称为无条件止损。当市场的基本面发生了根本性转折时，投资者应摒弃任何幻想，不计成本地杀出，以求保存实力，择机再战。基本面的变化往往是难以扭转的。基本面恶化时，投资者应当机立断，斩仓出局。

止损是控制风险的必要手段，如何用好止损工具，外汇投资者应各有风格。在交易中，投资者对市场的总体位置、趋势的把握是十分重要的。在高价圈多用止损，在低价圈少用或不用，在中价圈应视市场运动趋势而定。顺势而为，用好止损位是投资者获胜的不二法门。

看清投资的风险、收益、流动性

在前几年，股市行情好时，孙先生到一位朋友家做客，在交谈过程中，朋友向他谈及股票，大拍胸脯说："1个月赚20%~30%绝对没问题。"

孙先生听了，十分动心。于是，他回家之后，就开始盘算：要是将买房的25万元投入股市，1个月赚20%，半年时间就可以买套很好的商品房了。抱着这样的想法，孙先生就在朋友的指点下，迫不及待地拿出了10万资金进军股市，准备大赚一笔。

一个星期之后，孙先生果真净赚了23%。预期一个月赚20%的目标，竟然这么快就实现了，孙先生很高兴，于是，第二个星期，他把手里剩下的15万元全部投入股市。牛市的疯狂涨劲果然没有让孙先生失望，没过多久，他的股票市值已经突破50多万。

正当孙先生兴高采烈的时候，市场出现了波动。50多万的数字只保持了两天，突然股市出现跌盘，他的账面就变成了37万元。接着连续几天出现了5个大跌，孙先生所持的股票连续跌停。不久，他的账面上只剩15万元！

看到这样的情况，孙先生几乎要晕过去。赔了将近一半的资金，孙先生很心疼，特别想把损失补回来，然而，虽然股市后来又出现了反弹，但是他的股票一直没怎么涨。结果到了第二年，他的账户上仅剩下9万元，买房计划也随之流产了。

作为一个投资者，应该了解投资品的三要素。投资品的三要素，包括风险、收益和流动性。投资的时候，面对投资对象，必须考虑这三点：收益如何？风险有多大？流动性有没有问题？

很明显，搞投资不能不考虑收益。大多数人参与投资，第一个想法就是获得丰厚的收益。没有收益的话，投资也就失去了意义。虽然有很多投资产品属于保值产品，但若没有一定的收益，以冲抵通胀带来的价值损失，也未必能够达到保值的目的。因此，在投资过程中，我们不可能不考虑收益问题。

然而，很多时候，由于过分追求收益，很多人罔顾投资风险，认为"高风险有高收益，只有冒险才能获得高报酬"，这样的投资思想和做法是不值得提倡的。

对于投资人而言，风险是首先要考虑的因素。而我们主张在投资过程中进行资产配置、整理投资组合，更多的目的也是避免高风险，获得稳定的收入。

理财专家建议投资人投资的时候，会根据投资人的投资属性或年龄，将资金依不同的比例分配到股市与债市。例如，年轻人不妨持有七成股票、三成债券；上了年纪的人就要改成三成股票、七成债券，这就是根据投资属性或年龄差异来进行资产配置的原则。

可以这么说，决定投资配置比例最重要的因素就是风险。虽然投资的回报率与投资风险是呈正向关系的，但是绝不能将投资的风险弃之不顾。没错，高回报率也意味着高风险。比如期货、权证等投资工具，都具有高回报的特点，同时它们也具有相当高的风险；股票与偏股型基金的风险也是偏高的，当然它们的回报率也很不错；而风险性最低的是债券、定存基金和储蓄类投资工具，当然这些工具的收益也不如前面那些投资工具。

如果只考虑投资的回报高低，而忽视了投资风险的评估及个人风险承受能力的评测，即使是牛市也有巨大的风险，当风险成为现实，发生下跌的时候，大多数人是无法承受的。

在投资过程中，盲目地追求高回报、高收益，忽视风险，很容易遭受重大损失。即便是牛市，也不是没有风险。有的投资者被胜利冲昏了头脑，忘记了风险的存在，盲目冒进，以至于对操作把握不到位，最终赔得一塌糊涂，殊为可惜。

虽然投资者要进行积极投资，但是并非可以乱投资，尤其是一些上有高堂、下有妻儿的上班族，更需要稳健投资。

除了收益与风险之外，在资产配置与投资组合中，也必须考虑资金的流动性。虽说手上的资金不能闲置，但也不能全部投出去，生活中难免会遇到一些突发状况，还必须有一笔应急资金作为调度，甚至有时候还需要将投资资金调出来应急，因此，在资产配置中，应该考虑到投资资金的流动性。

根据资金需要，可以选择不同期限的产品。一部分可以长期持有，而另外的一部分则可作为短期投资，期限越短越好，最好比货币基金回款快，这是不错的流动性选择。

第八章
小利也能积少成多

制订合理的储蓄计划

莹莹和小文是好友,两人的薪水差不多。但小文每个月开销不大,薪水总是在银行定存,莹莹则喜欢买衣服,钱常常不够花。3年下来,小文存了3万元,而莹莹只有一些过时的衣服。其实小文很早就有"聚沙成塔"的想法,希望储蓄能帮助自己将小钱累积成大的财富。

一般来讲,储蓄的金额应为收入减去支出后的预留金额。在每个月发薪的时候,就应先计算好下个月的固定开支,除了预留一部分可能的支出外,剩下的钱可以零存整取的方式存入银行。零存整取即每个月在银行存一个固定的金额,一年或两年后,银行会将本金及利息结算,这类储蓄的利息率比活期要高。将一笔钱定存一段时间后,再连本带利一起整存整取。与零存整取一样，整存整取也是一种利率较高的储蓄方式。

也许有人认为，银行储蓄利率意义不大，其实不然。在财富积累的过程中，储蓄的利率高低也很重要。当我们放假时，银行也一样在计算利息，所以不要小看这些利息，一年下来也是一笔可观的收入。仔细选择合适的储蓄利率，是将小钱变为大钱的重要方法。

储蓄是最安全的一种投资方式，这是针对储蓄的还本、付息的可靠性而言的。但是，储蓄投资并非没有风险，主要是指因为利率相对通货膨胀率的变动而对储蓄投资实际收益的影响。不同的储蓄投资组合会获得不同的利息收入。储蓄投资组合的最终目的就是获得最大的利息收入，将储蓄风险降到最低。

合理的储蓄计划围绕的一点就是分散化原则。首先，储蓄期限要分散。即根据家庭的实际情况，安排用款计划，将闲余的资金划分为不同的存期，在不影响家庭正常生活的前提下，减少储蓄投资风险，获得最大的收益。其次，储蓄品种要分散。即在将剩余资金划分期限后，对某一期限的资金在储蓄投资时选择最佳的储蓄品种搭配，以获得最大收益。最后，到期日要分散，即对到期日进行搭配，避免出现集中到期的情况。

别让工资卡沉睡

工资卡，一张大家再熟悉不过却又常常忽略的卡片。大家平时工作忙，只把工资卡里的钱随取随用，卡里没用完的资金只能待在银行这个"保险柜"，无形之中让自己的资金变成"睡钱"。

薪金几乎全部沉睡在工资卡里，安全有余，增值却不足。千万别小看了卡里那些零零碎碎的钱，这些钱也会为你的经济增长发挥点作用，前提是你要把这些"睡钱"盘活。所以，不要偷懒，别让自己的工资卡沉睡。

那么该如何打理工资卡里的钱，才能够不让自己的工资在工资卡里闲着呢？

马先生打理工资卡的秘诀是运用黄金理财方程式，即50%定期存款+30%活期存款+20%的理财产品。

马先生认为，赚钱靠开源节流，但是目前的情况下很难开源，只能从节流上做文章。虽然每个月工资有限，但是依靠按比例理财，还是很能积累财富的。每个月，马先生都通过网上银行自动将卡内50%的钱存为3个月的定期存款、20%部分进行理财，剩下的留作日常开销。

一般工资卡里的钱是活期存款，目前活期存款的年利率为0.25%，如此低的收益等于让工资卡的钱"睡大觉"。"工资卡理财从约定转存开始。"马先生表示。定期存款收益要远远超过活期存款，如果每个月将50%存入定期存款，与活期的收益差距超过5倍，这个数据太可观了。

同时，马先生为了提高收益，还将活期存款存为货币、短债基金。一旦活期存款金额超过了5万元，就自动转为通知存款。

对于不少人来说，工资卡就是一张活期储蓄卡，需要用钱的时候取钱出来，不用的时候钱就当活期放在里面。这样做使工资卡收益很低，不能带来理财收益和便利。若是以理财的眼光去对待工资卡，就可以像马先生一样将工资卡的效益提高。

1.约定转存

约定转存，享受高额利息。工资卡的钱若都是活期的话，那么以目前的活期利率来看，可以说利息是少得可怜。而若是办理了约定转存的业务，给自己的工资卡约定一个最低的活期额度，超过这个额度的金钱以一个具体时段周期自动转存为相对应的定期，那么就能享受对应的定期利率。比如说某银行定期3个月的利率是1.25%，1年期利率高达1.55%，定期时间越长，利率越高。如果资金达到一定数额，很多银行还有更多利益更高的存款方式。这样工资卡既保证了一定量的随时可以动用的活期，也让那些闲钱享受到了高额的利息，而且是复利模式，时间长了，利息差异相当大。

定存的利息要比活期的利息高出很多，可以把工资卡里的钱转成定期存款。现在各家银行都有自动转存服务。完全可以设定零用钱金额、选择定期储蓄比例和期限等，实现资金在活期、定期、通知存款、约定转存等账户间的自主流动，提高理财效率和资金收益率。

2.与信用卡挂钩

与信用卡挂钩，省心省钱。不少银行都推出了信用卡，而信用卡的及时还款问题却是很多人头痛的问题，不仅经常忘记还款，而且要专门抽时间去网点办理还款手续，比较麻烦。若是将工资卡与信用卡挂钩，让其自动到期扣款，不仅可以省去还款的麻烦，而且避免罚息和滞纳金等现象，同时又能保持良好信用纪录。

3.基金定投

由于工资卡上每个月都会有一些结余的资金，如果让这些结余资金睡在工资卡里吃活期利息的话，收益微小，还不如通过基金定投来强迫自己进行储蓄呢。基金定投就是每个月在固定的时间投入固定金额的资金到指定的开放式基金中。这个业务也不需要每个月跑银行，它只要去银行办理一次性的手续，以后的每一期扣款申购都会自动进行，也是比较省心、省事的业务。虽然钱不多，但是积少成多，聚沙成塔，只要坚持下去，就会像滚雪球一样越滚越大，最后获得丰厚的回报。

4.存抵贷，用工资卡来还房贷

因为工资卡上都会有一些闲钱不会用到，如果我们有房贷的话，完全可以办理一个"存抵贷"的理财手续。现在很多银行都推出了"存抵贷"的业务，办理这项业务之后，工资卡上的资金将按照一定的比例提前还贷，而节省下来的贷款利息就会作为理财收益返回到工资卡上，这样，就可以大大提高工资卡里有限资金的利用率。

四分存储法让活期存款收益更高

存款的品种不同，利率也不同，这样，储蓄技巧就显得很重要，它决定我们能否让自己的储蓄收益达到最佳化。

众所皆知，我们的工资都是以活期的方式存进工资卡的，而现在活期存一年的利率也仅仅是0.2%，可以说收益微乎其微。也许有人会想，定期的利率比活期高多了，把钱都用来存定期不就可以了吗？这明显不行，如果所有的钱都存成定期的话，我们的生活用度怎么办？

何琳就曾经犯过这样的错误，她存了30万元五年期定期，但是第三年，她的儿子要去英国留学，急需8万元，何琳只好提前支取定存，结果损失了一大笔利息。

这么看来，不能把所有的钱都存成定期，而且这样做也不太现实，我们总不可能不用钱的，活期存款的设置就是为了便利我们的日常开支。所以，我们应该将一定量的资金存入活期存折作为日常待用款项，以便日常支取（水电、电话等费用从活期账户中代扣代缴支付最为方便）。对于平常大额款项进出的活期账户，为了让利息生利息，最好每两个月结清一次活期账户，然后再以结清后的本息重新开一本活期存折。不过这样做实在太折腾。其实，我们可以利用四分存储法，这样也可以让我们的活期存款收益更高一些。

王丽丽在一个服装厂工作，每个月的工资是3000元，一开始她总是将工资放在工资卡里，在生活中随用随取，也很方便。后来看到一个同事利用四分存储法攒下了不少钱，她也开始学着用四分存储法安排自己的工资。每个月拿到工资，王丽丽都要把自己的工资分成四份存进自己的活期账户里，其中的1000元是用于自己一个月的日常生活支出，这部分的钱就继续以活期的方式留在活期账户里，然后在活期账户底下开出三个子账户，一个存进900元的一年定期，一个存进600元的半年定期，最后一个是存进500元的三个月定期。如果自己预留的1000元不够生活用度，就动用金额最接近的一张或两张存单。这样就可以让自己的资金尽可能多地获得利息。

现在，很多银行的银行卡都可以设立多个账户，如活期账户和多个不同期限的定期储蓄账户。有的甚至可以预先在银行柜台上设立一定的资金触发点，超过触发点的活期存款，银行系统就会帮我们自动挪到指定的定期储蓄账户上，能为卡上的现金获得高于活期存款的收益。这样打理工资卡中的钱也比较方便。当然也可以存成更多的存单，但需要较好的存单管理，那些随手弃纸的工薪族最好慎用。

四分存储法适用于在一年之内有用钱预期，但不确定何时使用、一次用多少的小额度闲置资金。用四分存储法不仅利息会比直接存活期储蓄高很多，而且在用钱的时候也能以最小的损失取出所需的资金。

高效打理定期存款，使利息收入最大化

手中有了多余的钱，可一时还没有想好如何消费，不妨先把钱存起来，等以后用时再取出来。这样，既可以保管钱又可以赚点利息，何乐而不为呢？

其实，很多人都是用定存来进行理财的。定存是最稳健的一种选择。因此，要想在家庭储蓄中获利，应该把日常生活开支的钱存活期外，其他的都存为定期，尽量不要存活期。

黄阿姨手边有不少资金，但她却最偏爱定存，手上资金有不少用作外币与人民币定存，虽然这几年人民币定存利率偏低，但她还是非常注重保本，并且也运用外币定存来平衡手中资金的保值率，不管银行的理财专员怎么招揽，她还是把大部分的资金都放在定存上面，因为她认为不管经济局势如何变动，与银行约定好的定存利率绝对不变、绝对保本，能让偏好保守型投资商品的投资人非常放心。

如今，黄阿姨已经退休，由于她从年轻的时候就非常注重理财，虽然一直只是利用银行定存这种方式进行理财，如今她的退休生活也是过得有声有色，因为她只靠银行定存的利息，一个月也有3000元的收入。

从黄阿姨的理财经历，我们可以看到，银行定存用得好的话，也是一个不错的理财方式。事实上，中国人最爱存钱了，汇丰保险曾经发布一份《汇丰保险亚洲调查报告》。据该报告称，中国的消费者将每月收入的45%用于储蓄，高于亚洲其他各主要市场。从中我们可以看到，虽然银行的利率很低，但还是不能冷却存钱的热情。其实，只要能够活用定存，我们就可以像黄阿姨那样，收获颇丰的。

在进行定期存款的时候，如果把钱存成一笔存单，一旦利率上调，就会丧失获取高利息的机会。但是，如果把存单存成短期存单，利息却又太少。既要保证资金的流动性，又希望获取高额利息，那么建议不妨试试阶梯储蓄法。

阶梯储蓄法就是先以一、二、三年期的定期方式进行存款，然后把逐年到期的存款连本带息转存成三年期的定期，三年后我们便有了3张三年期定期存折。

假如我们持有6万元，可分别用2万元开设一个一年期、两年期、三年期的定期存折各一份。1年后，我们就可以把到期的2万元一年期存款连本带息转成三年期定期；两年后，可以把到期的2万元两年期存款连本带息转存成三年期定期。这样我们就有了3张三年期的存折，而且此后每隔一年就有1张存折到期。这样，我们既能应对储蓄利率的调整，又可以获得三年期存款的高利息。这种储蓄方式可使年度储蓄到期额保持等量平衡，适宜工薪家庭为子女积累教育基金与婚嫁资金等。

要注意，不提前支取定期存款。定期存款提前支取，只按活期利率计算利息。若存单即将到期，又急需用钱，则可拿存单做抵押，贷一笔金额较存单面额小的钱款，以解燃眉之急。如必须提前支取，则可办理部分提前支取，尽量减少利息损失。存款到期后，要办理续存或转存手续以增加利息。

另外，有一种十二存单法可以将每个月工资的10%~15%拿来存定存，然后每个月都这么做。这样，一年就有12笔一年期定存，等于第二年开始，每个月都有一笔定存到期。如果手上不缺钱，就可以继续加上新的存款续作定存；缺钱的话也可以直接将到期的钱拿来使用，这样，也有强迫储蓄的效果。每个月看到一笔定存到期，那种感觉应该是很开心的。

对于普通人而言，重要的不是获得最高的收益，而是获得有保障的收益，通过储蓄实现合理的资产配置比。所以，我们在积累财富的过程中，要充分利用组合存储，让自己的资产配置比达到最优，使自己的资金收入最大化。

应对低利息的存储策略

在银行利率较低时，对于以储蓄这种依靠利息增值的理财方式为主的家庭冲击非常大。辛辛苦苦存下来的钱眼看就要无法增值了，甚至出现负增值。面对这种情况，我们要保持清醒的头脑，通过适当的方法达到存储利益最大化，只有这样才能减少低息对储蓄的直接影响。

1.选择合理的存期

一般来说，在币值稳定、通货膨胀率低的情况下，存期越长，利率越高，实际收益越大。在当前阶段，建议储蓄策略应以中短期为主，尤其是大额资金，基本应控制在2年期内，这样在利率回调的时候才不会因为储蓄年限的不协调而错过机会。

2.善用通知存款

通知存款是银行近年来推出的新储种，许多家庭还都不太熟悉。它是指在存入一笔钱时不约定存期，而支取时只要提前通知银行约定支取存款的日期与金额即可，提前通知银行的日期可以是一天也可以是七天。这种储蓄方式适用于大额短期存款，因为它方便灵活，利率又高于同期的定活两便储蓄，无疑是家庭大额闲置资金的最佳储种选择。

3.投资教育储蓄

教育储蓄对于刚刚建立的新家庭来说是颇具吸引力的。这种储蓄利率优惠，另一个好处是存贷结合，家庭一旦参加了教育储蓄，今后孩子升学若遇到资金困难，还可向开户银行申请助学贷款,银行将会优先给予解决。

在这里提醒家庭注意的是,不要选择"存本取息+利息零存整取"配套储蓄。因为央行的多次降息,大大地缩小了各存期档次间的利差,"存本取息+利息零存整取"配套储蓄已无利可图,其组合利息收入反而低于同期限的定期存款利息。

让信用卡的免息期最长

大家应该都知道,信用卡的最大好处就是刷卡消费的款项能享受免息期待遇,这就相当于一笔不用支付利息的短期银行贷款。通常,信用卡的免息期最短是20天,最长50天。只要精打细算,你的信用卡免息期可以尽可能地就长不就短;并且可以巧妙地充分利用银行的政策,还能不违规地延长信用卡免息期。

如果你想充分享受信用卡的最长免息期待遇,除了要清楚地知道免息期的计算方法之外,还需要掌握一定的技巧和方法。

记住一个要点就是清楚计算免息期长短。

通常影响信用卡免息期时间长短最关键的三个因素:刷卡日、账单日、到期还款日。通俗来讲,刷卡日就是你刷卡消费的日期;账单日是银行给你的信用卡规定的款项入账、形成账单的日期；而到期还款日就是银行规定你在这个日期之前归还全部的单期账单金额的日期，在这个日期之前都能够享受免息待遇。

通常，账单日的后20天即为到期还款日。比如说你某张信用卡的账单日是9日，那么29日就是该信用卡的到期还款日。下面以具体的实例来说明刷卡日、账单日、到期还款日三者是怎样影响免息期长短的。

1.择卡而用

张小姐拥有两张信用卡，账单日分别是上旬（A卡）和中旬（B卡），所以在择卡上就可以做一番文章。假如她一定要在3月5日买双开门冰箱，那么她就该选用B卡。

这是因为B卡的账单日是15日，那么张小姐3月5日刷卡消费，3月15日这笔款项就被计入了当期的账单，20天之后的4月5日就是到期还款日。这样一来她享受的免息期是32天（3月5日至4月5日）。

而A卡的账单日是8日，那么3月8日这笔款项就被计入了当期的账单上，3月28日的到期还款日那天就要还款。这样她就只能享受23天的免息期（3月5日至3月28日）。

2.延迟几日消费

倘若不是很着急的话，张小姐也可以将购买冰箱的日期推迟至5天后的3月10日。在3月10日，用A卡消费，那么该笔款项直到4月8日才会被计入账单，4月28日那天才还款，这样就能享受到将近50天的免息期。

可见，有目的地选择用哪一张信用卡消费，能够让我们享受尽可能长的银行免息期。有经验、会理财的持卡人，通常都会办理三张账单日不同的信用卡，而这三张信用卡的账单日最好分别是上旬、中旬、下旬。这样一来在消费的时候，总是能找到一张合适的信用卡，享受到最长的免息期。当然，计算好了最长免息期，也万不可忽略了还款的时间，以免影响个人征信。

就如上文所讲，为了延长信用卡的免息期，除可以采用选择信用卡和延迟消费的办法外，也还有其他方法。

3.到期还款日可以延迟一两天

如今银行为了方便客户还款开通了多种还款渠道，比如在各网点柜台还款、电子银行还款、自助银行还款，有的银行甚至还开通了特约商铺及便利店的特定机具的还款功能。可是在这些还款渠道当中，有的电脑系统与银行信用卡电脑系统的数据传输并不是实时的，也就是说如果通过这些渠道进行的还款，可能会第二天或是第三天才能到达信用卡的账户。这也就导致了还款资金到达信用卡账户时间与客户还款时间有一个时滞差异。这个时滞差异问题经常会导致客户与银行之间不愉快。因此，银行为了稳固客户关系，往往会暗地里放宽对到期还款日的严格限制，将一些在到期还款日次日还款的信用卡也当作是到期还款而非逾期还款。

4.到期还款日逢法定假日可延迟

如今银行营业网点对外营业也变得越来越人性化了，有些银行在国家法定节假日是不营业的。这种情况也就不免会造成一些持卡人的信用卡到期还款日正逢当地该银行网点没开门营业而不能还款。因此，银行为了应对这一类情况，就会针对"正逢法定节假日当地营业网点不上班、持卡人无法按时还款"的情况，规定出于这种原因的持卡人，可以在当地该银行网点恢复营业的当日还款，而不作逾期处理。

对拥有多张不同信用卡的人而言，完全可以利用信用卡巧刷卡。首先，一定要弄清楚每张信用卡的记账日是在哪一天；其次，刷卡前应该想一想日期，千万不要今天刷卡明天还款，这样就失去信用卡刷卡透支消费的时间优势了；最后，刷卡消费后，别忘了还款。

善用信用卡分期付款

每当国庆、中秋、春节、情人节将至的时候，各种打折促销活动进行得如火如荼，众多的年轻白领纷纷赶场于各大商场之间，但密集的消费也让这些踏入工作岗位不久的年轻人感到压力巨大。于是，一些商场推出购物分期付款甚至免息分期付款的广告，很符合年轻人的口味，越来越多的年轻白领利用信用卡免息分期付款功能来帮助自己分解集中的支付压力，灵活地进行资金规划。

分期付款方式给了消费者极大的选择余地，并能帮助消费者在一定程度上更加合理地调度资金，缓解燃眉之急。合理使用免息分期付款功能，不仅能够大大减轻年底集中消费的资金负担，而且可以充分享受商家在这一特定时段推出的各项优惠活动，可谓一举两得。需要提醒的是，选择这种不限商品及商户的免息分期付款，会被收取一定的手续费。但考虑到目前商家推出的许多优惠活动都具有很强的时效性，商品价格大大低于平时，综合下来，在年底采用免息分期付款的方式消费依然可以获得较大的实惠。那么信用卡分期付款到底怎么用最合适呢？

信用卡分期付款是指持卡人使用信用卡进行大额消费时，由银行向商户一次性支付持卡人所购商品（或服务）的消费资金，然后让持卡人分期向银行还款的过程。银行会根据持卡人的申请，将消费资金分期通过持卡人信用卡账户扣收，持卡人按照每月入账金额进行偿还。

伴随着中国金融服务的完善及人们消费习惯的改变，分期付款消费迅速得到国内消费者的认可。采用分期付款方式消费的通常是目前支付能力较差但有消费需求的年轻人。其消费的产品通常是笔记本电脑、手机、数码产品等。

分期付款方式通常由银行和分期付款供应商联合提供。银行为消费者提供相当于所购物品金额的个人消费贷款，消费者用贷款向供应商支付货款，同时供应商为消费者提供担保，承担不可撤销的债务连带责任。

分期付款实际上是卖方向买方提供的一种贷款，卖方是债权人，买方是债务人。买方在只支付一小部分货款后就可以获得所需的商品或劳务，但是因为以后的分期付款中包括有利息，所以用分期付款方式购买同一商品或劳务，所支付的金额要比一次性支付的多一些。

分期付款一方面可以使卖方完成促销活动，另一方面也给买方提供了便利。

虽然信用卡分期付款免收利息，但手续费是免不了的。在消费前要先把需缴纳的手续费算出来，如果加上手续费后价格可以接受，再进行刷卡。

由于各家银行对手续费的计算不同，那么在了解信用卡手续费后，就应挑选自己手中最适合的卡进行交易。

信用卡是一种特殊的信用凭证和辅助的支付结算工具，切不可将属于债务范畴的信用额度当作收入来使用，也就是说持卡人要以个人支付能力而不是信用额度来消费。需要注意的是，分期付款适合那些消费有节制且资金周转灵活、有偿付能力的人群。

信用卡的使用技巧及安全问题

信用卡就像一把"双刃剑"，使用好了可给我们带来益处，用不好就是一种枷锁了。

信用卡的出现给生活带来了很多便利，它已经成为现代人们生活的重要组成部分，很多人手里都有一张甚至数张信用卡。现在买东西再也不用提心吊胆地怀揣着大量现金了，更是充分享受到了寅吃卯粮的乐趣。如果刷卡积分的话，积累到一定分数还能收获一些意外的小礼物，真是一卡在手，消费无忧。

但是使用信用卡也是要讲究很多技巧的，平时多留意一些注意事项，合理使用，才能做到省钱又省心。

1.存款无利息，取款要收费

要分清储蓄卡（借记卡）和信用卡（贷记卡）的区别。信用卡一是可以透支，二来最关键的是信用卡存款无利息，取款反而要收费！不仅是透支取款时要收费，就连取出溢缴款（多还款的钱，你自己的钱，不是银行的钱）也要收手续费！且手续费占取款金额的1%~3%。这一点使用者一定要注意。

2.要注意超限费的问题

超限即大多数信用卡支持超信用额度刷卡，不像储蓄卡余额不足就不可以再刷。但是超限部分的钱如果在账单日之前不能还上，就会产生超限费！

3.透支取现没有免息期

信用卡的免息期是指刷卡消费额的免息，而对于透支支取的现金并不免息。

此外，如果在最后还款日没有还上最低还款额（所透支的现金的10%），不但有利息，还有滞纳金。

4.不要忽视年费问题

信用卡一般第一年免收年费，从第二年起就要收取年费了。年费数额通常在80~100元，具体到每个银行不一样。不过好多银行规定，只要在规定的时间内刷够一定的次数就可以免年费。但需要注意的是，有的信用卡即使没有激活也收取年费。

5.信用卡的安全问题

信用卡的安全问题是持卡人最为关心的。所以，在这里针对此问题进行详细的说明。要确保信用卡的安全使用，必须做好以下几点。

首先，保护好个人资料，杜绝风险源头。

现实生活中，很多信用卡被盗用或用信用卡的诈骗案件，都是由于持卡人本人不注意保护个人资料，或者随意将信用卡转借而造成的。这类信用卡盗用案件占据了金融诈骗案的很大比例。因此，保护好个人资料和不把信用卡随意转借他人是很有必要的，对此要特别注意以下几点。

收到信用卡后，请立即检查信用卡正面的英文凸体字与你在申请表上所填的信用卡内容是否一致，并在信用卡背面的签名栏上签上你的姓名。在收到密码函时，要先检查信封是否完好无损，同时尽快修改原始密码，销毁密码函，若发现密码函破损或其他异常情况应该立即与发卡银行联系。

刷卡消费的时候，一定要让信用卡在自己的视线范围之内，并且留意收银员的刷卡次数，避免重复刷卡。在签刷卡消费的签购单时要先确认上面的金额无误，然后再签名，并且签名要与信用卡背面的签名保持一致。在柜面、柜员机上使用时，要注意保护个人密码，防止旁边的人偷窥。信用卡一旦丢失等同于现金丢失，所以必须立即和银行联系进行挂失，最好记下信用卡号码以及银行的客服号码，以备信用卡遗失或失窃时方便报案，然后把有关资料放在安全的地方。

仔细对账，关注账单。收到每个月的信用卡消费账单后，都要第一时间检查每个消费项目及金额和总金额，确保与自己的消费数量相吻合，若发现异常的、有疑问的消费项目，要立即打电话与发卡银行联系，银行会有专人进行调查。

其次，防范网络诈骗风险。

登录网上银行网站购物时，一定要特别留意支付页面的地址是否为该银行的官方网站地址。若进行网上交易则要选择资质比较好的网站，不要在公共场所登录网上银行。同时，务必经常更新网上银行的安全控件，以免被木马程序攻击遭受不必要的损失。

再次，揭穿短信、电话欺诈骗局。

针对信用卡消费每个银行一般都会有自己的固定短信和服务电话号码提醒，如果突然收到一条陌生号码发送的有关消费记录的提醒短信，说你的银行卡在某某地、某某商场消费了多少钱，若有疑问请速与某个电话联系。其实这是不法分子的圈套。此时持卡人应保持冷静，收到的短信既然不是银行的固定号码发送的，就不要轻易回电或给发信息的人提供卡片信息。

总而言之，只要多用点心，尽可能多地掌握信用卡的使用技巧，做好风险防范，就能安全轻松地享受信用卡带来的方便。

第九章
投资有手段，成为赚钱赢家

明确自己适合哪种类型的投资

根据每个人性格和资金条件的不同，可以将投资者分为不同的类型。有些人偏向短期投资，有些人偏向长期投资；有些人喜欢冒险，有些人相对保守。只有清楚地知道自己属于什么类型的投资者，才能更加准确地选择适合自己的投资方式和策略。

短期投资，是指能够随时变现并且持有时间不超过1年的投资。如果做一项长期投资，考验的是投资者的眼光和长期的判断力，而短期投资中，考验的就是投资者的方向、速度和决策力了。

相对而言，长期持有是偏好长线投资的投资人最理想的状态，也是长线投资的魅力所在。巴菲特曾经说过："我认为投资者应尽可能少地进行股票交易。一旦选中优秀公司大笔买入之后，就要长期持有。"巴菲特在他长达80年的投资中，长期持有十几只股票使他赚取了大量财富。作为一般的长期投资者，需要耐心地持有手中的投资组合，不被别人的短线获利所诱惑。

还有一部分投资者倾向于风险投资。部分冒险投资者基本上实现了财务自由，希望通过高风险投资方式，实现更快的财富积累，享受投资过程中的巨大刺激，以及由此而来的成就感。对这部分人来说，股市和期货市场等风险较大的金融市场则成为他们的主战场。

大多数的投资者都属于稳健型投资者。稳健型投资人在制订投资策略上更适合于保本的投资组合，所以，对于这样的投资者来说，储蓄和保险的投资所占的比重相对高一点，债券投资的比重又比基金、股票的投资相对要高。如今，保本型理财产品取代了挂钩股票市场的理财产品，备受广大投资者的青睐。与只盯着基金、追求高回报不同，现在大多数投资者理财都力求稳中求胜。与之前普通投资者一味追逐高收益，对资本市场风险认识和预期不足相比，投资者们在经历股市动荡、初尝理财喜与忧之后，投资心态日渐成熟，选择趋于稳健，说明投资者们的理财水平有了很大的提升。

另外还有保守型投资人。保守型投资人一般来说收入不是很高,因而对资金的安全性有着很高的要求。因而保障本金的安全是保守型投资人在做投资时首先需要考虑的。保守型投资者更多的还要考虑家庭财务情况,比如接近退休或准备生孩子的投资者,即使风险承受能力高,也不宜投资过多的高风险产品。

寻找适合自己的投资领域

有人说,股票投资最赚钱,也有人说,外汇市场获利最容易。事实上,投资产品种类丰富,且从来没有哪一种是最好的。只有适合自己的才是最好的。

优秀的投资者擅长根据自己的特点在市场上寻找属于自己的"地盘",根据自己的兴趣、所长、资金能力等,合理确定自己的投资领域,从而在投资中实现最大效益的财富收益。就像没有人可以一手遮天一样,也没有人可以独霸所有投资领域,投资者要做的不是随波逐流,而是找到适合自己的投资"地盘"。有一个名叫拉里的投资者,他20岁的时候,身无分文地来到纽约,在华尔街找了一份工作。两年之后,他的投资利润已经达到了5万美元。又过了两年,他辞去了正式工作,开始全心做投资。他基本上就是自己做风险资本基金,甚至连个秘书都没有。在拉里快30岁的时候,他已有数百万的财产。拉里擅长在有前途的生物科技创业企业中取得与创办人相当的股权地位。

不仅投资领域如此，约翰·麦肯罗、迈克尔·乔丹、贝比·鲁思和泰格·伍兹，每个人都能在自己擅长的领域成为王者。他们都选择了一个自己最擅长的领域，从而使自身的潜能得到了最大的发挥。设想一下，假如麦肯罗在篮球场上，而贝比·鲁思身处温布尔登网球赛中，那么他们可能会像离开水的鱼一样狼狈。而有些人更是在仔细地选择，进行了领域的调整之后才获得了人生中的巨大成功。

由此可见，不管是在哪行哪业，选择适合自己发展的领域对于成功与否是非常重要的。纵观历史和国内外商业界，每一个成功的投资者都有属于自己的领域。

即使是巴菲特这样的投资巨鳄，也只占据了一小片领域，这样说起来可能有些奇怪。然而，在全世界所有上市企业组成的数十万亿美元的池塘中，就算是巴菲特的净资产已超1000亿美元的伯克希尔·哈撒韦公司也只是一条中等大小的鱼。不同种类的鲸鱼都生活在自己的特殊环境中，很少彼此越界。类似的，巴菲特也在投资世界中占据了自己的生态领地。而且，就像是鲸鱼的生态领地与它能吃的食物有关一样，投资者的市场领域也是由他懂什么类型的投资决定的。每一个投资者都应依据自己的实际情况，审查自己了解什么类型的市场，从而找准自己的投资领域。

没有无所不能的投资者，成功的投资者大都把注意力集中在一小部分投资对象中，他们日积月累，不断耕耘自己的"一亩三分地"。这样收获财富的过程不是偶然。成功的投资者，根据自己的投资特长，比如自己懂什么类型的投资，从而划定了他的能力范围，只要不超出这个范围，他就拥有了能让自己的表现超出市场总体表现的竞争优势。

优秀的投资者，根据积累的经验做出对某投资领域科学的预期和判断，这样就使得他们在该行业的竞争具有了其他人不具备的优势。经验对于投资者来说，是一笔非常重要的财富。

妙用投资组合，分散投资风险

学投资，就要学习资产配置，既然要讲资产配置，就要了解投资组合，也就是说，投资的过程中不能单恋一枝花。如果我们将资产配置的视野放得更宽一些，选择会更加丰富，更加多样，这样就可以通过投资组合，满足多方面的需要。

单调的投资方式，并不能给你带来更多的财富，反而会带来更多的风险。这也是为什么我们要讲资产配置的原因之一。

我们知道，要选好投资标的和进场时机，实际上是比较困难的，对于一个二十几岁的年轻投资人来说，要想真正把握这两点，也是很不容易的。

因此，了解投资组合与如何做好投资组合，对于年轻的投资者来说就非常重要。

随着经济社会的发展，投资日趋多样化，为我们的投资生活增添了很多机会，作为新时代的年轻人，又何必拘泥于某一个投资产品呢？切忌固执己见地只投资一个品种，随势变动投资对象才能赚大钱。

就算是市场环境相同的时候，由于投资工具的不同，其风险程度也不同，有时甚至截然相反。如果只做一种投资，把资金全部投入一种投资工具，局面往往是要么大赚，要么大赔，风险很大。打个比方，如果全部资金用于储蓄投资或股票投资，当银行利率上调的时候，储蓄存款收益率高，风险很小，而股票市场将要面临股价狂跌的风险，不仅收益率很低，甚至还会成为负数。而当银行利率下调的时候，储蓄投资的利率风险增大，收益降低；但是，此时的股票市场则会因股价大幅上涨，收益率获得空前提高。

很显然，在只做一种投资的情况下，将面临着高风险，而如果将资金分别投资于储蓄和股票，当利率上升的时候，储蓄获利会抵消股票投资上的损失；利率下降时，股票投资上的收益又会弥补储蓄上的损失。将资金分别投资于储蓄与股票，形成组合投资模式，使得投资风险降低，收益维持在稳定的水平。这就是投资组合的妙用所在，其目的在于分散风险，稳定收益。很多人盲目地跟着市场、他人投资，哪只股票涨幅居前，就追买哪只，完全没有考虑资金的安全。年轻人在入市之前，应该好好学一学投资组合课程，为自己的投资规划一下。

当然，投资组合并不是说可以随便买，在投资组合当中，一定要有核心投资。比如投资组合为"股票—债券—基金"，专注于股票投资，这样股票投资就是你的核心投资。

另外，在一种投资工具里面，也有组合。比如股票投资中，有"核心—卫星"的投资策略。又比如，买基金的时候，你可以在主动型、偏股票型、平衡型等不同基金中加以选择，或者选择适合自己的、业绩稳定的优秀基金公司的基金构成组合型的投资。当然，投资产品有很多，不仅有股票、基金和储蓄，还有保险、黄金、珠宝、古玩、艺术收藏品等，这些都是不错的投资手段，可以根据自己的喜好和兴趣特长来规划投资组合。

总之，不要固执地投资于一个品种，而要通过投资组合，随势变动投资对象。

股票的几种投资策略

股票投资，也有其相应的策略，以下介绍几种股票投资的策略。

1.顺势投资

顺势投资是灵活的跟风、反"零股交易"的投资股票技巧，即当股市走势良好时，宜做多头交易，反之做空头交易。但顺势投资需要注意一点：时刻注意股价上升或下降是否已达顶峰或低谷，如果确信真的已达此点，那么做法就应与顺势的做法相反，这样投资者便可以出其不意而获先见之利。投资者在采用顺势投资法时应注意两点：是否真涨或真跌；是否已到转折点。

2."拔档子"

采用"拔档子"投资方式是多头降低成本、保存实力的操作方法之一。也就是投资者在股价上涨时先卖出自己持有的股票，等价位有所下降后再补回来的一种投资技巧。"拔档子"的好处在于可以在短时间内挣得差价，使投资者的资金实现一个小小的积累。

"拔档子"的目的有两个：一是行情看涨卖出、回落后补进；二是行情看跌卖出、再跌后买进。前者是多头推进股价上升时转为空头,希望股价下降再做多头;后者是被套的多头或败阵的多头趁股价尚未太低抛出,待再降后买回。

3.保本投资

保本投资主要用于经济下滑、通货膨胀、行情不明时。保本即投资者不想亏掉最后可获得的利益。这个"本"比投资者的预期报酬要低得多,最重要的是没有"伤"到最根本的资金。

4.摊平投资与上档加码

摊平投资就是投资者买进某只股票后发现该股票在持续下跌,那么,在降到一定程度后再买进一批,这样总平均买价就比第一次购买时的买价低。上档加码指在买进股票后,股价上升了,可再加码买进一些,以使股数增加,从而增加利润。上档加码与摊平投资的共同特点:不把资金一次投入,而是将资金分批投入,稳扎稳打。

摊平投资一般有以下几种方法。

(1)逐次平均买进摊平,即投资者将资金平均分为几份,一般至少是三份,第一次买进股票只用总资金的1/3。若行情上涨,投资者可以获利;若行情下跌了,第二次再买,仍是只用资金的1/3,如果行情升到第一次的水平,便可获利。若第二次买后仍下跌,第三次再买,用去最后的1/3资金。一般说来,第三次买进后股价很可能要升起来,因而投资者应耐心等待股价回升。

(2)加倍买进摊平,即投资者第一次买进后行情下跌,则第二次加倍买进,若第二次买进后行情仍旧下跌,则第三次再加倍买进。因为股价不可能总是下跌,所以加倍再买一次到两次后,通常情况下股票价格会上升,这样投资者即可获得收益。

如何判断赚钱的基金

买基金不怕贵的只挑对的,判断一只基金的赚钱能力,比较简单的做法是比较基金的历史业绩,即过往的净值增长率。

目前各类财经报刊、网站都提供基金排行榜,在对收益率进行比较时,要关注以下几点:对同种类型基金的收益率提供了同种类型的比对,也就是苹果对苹果式的比较。

1.业绩表现的持续性

投资者在对基金收益率进行比较时,应更多地关注6个月、1年乃至2年以上的指标,基金的短期排名靠前只能证明对当前市场的把握能力,却不能证明其长期盈利能力。基金作为一种中长期的投资理财方式,应关注其长期增长的趋势和业绩表现的稳定性。从国际成熟市场的统计数据来看,具有10年以上业绩证明的基金更受投资者青睐。

2.综合参考其他同类型基金的业绩

投资者在评价一只基金时，还要全面考察该公司管理的其他同类型基金的业绩。一枝独秀不能说明问题，全面开花才值得信赖。因为只有整体业绩均衡、优异，才能说明基金业绩不是源于某些特定因素，而是因为公司建立了严谨规范的投资管理制度和流程，投资团队整体实力雄厚、配合和谐，这样的业绩才具有可复制性。

3.风险和收益的合理配比

对于普通投资者来说，这些指标可能过于专业。投资的本质是风险收益的合理配比，净值增长率只是基金绩效的外在体现，要全面评价一只基金的业绩表现，还需考虑投资基金所承担的风险。考察基金投资风险的指标有很多，包括波动幅度、夏普比率、换手率等。

实际上一些第三方的基金评级机构就给我们提供了这些数据，投资者通过这些途径就可以很方便地了解到投资基金所承受的风险，从而更有针对性地指导自己的投资。专业基金评级机构会每周提供业绩排行榜，对国内各家基金公司管理的产品进行逐一业绩计算和风险评估。

想稳稳当当，试试购买债券

刚开始学投资理财，对股市和基金这种风险偏大的投资方式都有些恐慌，担心一旦投资失败，就鸡飞蛋打，连本金也会受到威胁，而债券投资的风险较小，收益稳定，具有较好的流动性，通常被视为无风险证券，不必担心辛苦攒下的资金被风险"吃掉"。对于投资菜鸟来说，不妨尝试一下债券这种稳稳当当的理财方式。

债券是政府、金融机构、工商企业等机构直接向社会借债筹措资金时，向投资者发行，并且承诺按一定利率支付利息并按约定条件偿还本金的债权债务凭证。债券的利息通常是事先确定的，所以又被称为固定利息证券。

刘明和李亮都是刚毕业进入职场不久的社会新人，同样地，受到社会上"你不理财，财不理你"的思想影响，也开始跟公司的老人学起投资来。但是不同的是，刘明是一个风险承受力较低的保守型投资者，所以选择了债券投资，通过银行理财经理的介绍，选择了一只30天循环的债券基金，预期收益为3.8%~4.6%。而李亮是一个积极型的投资者，认为自己能够承受一定的风险，想进入股市搏一把，由于自己对股票不了解，最终选择投资了一只股票型基金，两个人的投资金额都为1万元。

一年后，两个人盘点自己一年来的投资收益情况，刘明的循环债券为他带来了520元的投资收益，而李亮的股票型基金至今仍在被套状态，亏损440元。

现实生活中经常能够看到案例中李亮和刘明的现象，但并不能说李亮的投资思路是错误的，这取决于每个人对自己风险承受能力的认同。不可否认的是，债券投资确实能够在保证本金安全的前提下为我们带来不错的投资收益。所以，对于投资菜鸟来说，可以选择债券这种方式来保证财富稳稳当当地增值。

债券有国债和企业债（公司债券）之分。国债，我们已经很熟悉了，但是国债的发行一般都是五年期以上，时间比较长，而且由于国债的流通性比较好。有些形式的国债，需要早早地到银行去排队，因此不太适合上班族。

上班族可以选择公司债券。参与公司债券投资主要有两种途径。一是直接投资，即个人投资公司债券，在证券营业网点开设证券账户，等公司债券发行时，像买卖股票一样买卖公司债券，不过债券的交易最低限额为1000元。投资者可以参与公司债券一级市场进行认购，或是参与二级市场投资，操作上与基金的认购和申购基本上是一致的。二是间接投资，即投资者买入银行、券商、基金等机构的相关债券类理财产品，然后通过这些机构参与公司债券的网下申购，或是在二级市场进行买卖。

一般来说，对于有一定投资经验的投资者，建议进行直接的债券投资。通过筛选公司的业绩、债券期限及债券的风险等级，选择适合自己的债券品种，然后通过自己的证券账户直接进行投资，这样就避免了间接投资所需要交给基金公司或者券商的费用。对于没有投资经验的投资者来说，还是选择间接购买比较好，因为可以节省选债券的时间和精力，更何况专业人士的选择与打理肯定比投资菜鸟要专业得多。

吸取了股票型基金投资失败的经验教训，李亮明白了在一段市场行情不给力的情况下，应选择能够获得稳定收益的投资债券。同时，由于对金融市场有了一定的了解，李亮结合自己的分析判断，选择了一只成长型公司发行的公司债券。该公司的评级为2A级，风险较低，同时该公司的成长性较好，于是李亮又花了1万元投资到这只债券上。而此时，刘明依旧在坚持着自己的30天循环债券的投资。一年后，两人又对自己的投资收益进行比较。李亮的债券为他赚取了400元的纯利润，但是该债券还没到期，也就是说，如果李亮此时卖出手中的债券，还能再获得10400多元的债权面值增值收益，这样算来，这一年，李亮的纯投资收益为800多元，而刘明的30天循环债券基金由于复利效应也为他带来了600多元的收益。但是此时，很明显，与李亮相比，刘明的投资优势已经没有了。

同样是一年的时间，刘明和李亮的投资出现了天翻地覆的变化。其实，两个人只是一个选择了直接投资，另一个选择了间接投资。而由于间接投资金融机构收取一定费用的原因，如刘明的债券型基金除了收取申购赎回手续费外还要收取基金管理费，这样的费用积少成多下来也是不容小觑的，这也就造成了刘明和李亮的投资收益差距。

因而对于普通人来说，还是尽可能地学习一些投资理财知识，只有熟悉了这些操作流程规则，才能在投资中做到自己自主选择，直接投资，节省费用的同时能带来更大的投资收益。

总之，想要在理财过程中不受市场波动的影响，稳稳当当地收益，可以选择债券这种低风险的投资方式，让债券与薪水相伴而行，使我们的理财之路越走越宽阔。

选择最适合自己的黄金投资渠道

很多投资者开始把眼光瞄向了黄金投资这块大蛋糕。但是黄金投资的方式很多，是选择实物黄金投资还是选择纸黄金？是选择实盘操作还是选择T+D交易？林林总总的黄金投资渠道让我们这些普通的投资者无所适从。其实，不论任何东西，只有适合的才是最好的，黄金投资也是一样，我们不必追求跟别人一样，而应该根据自己的实际情况进行选择。只有真正适合自己的黄金投资方式，才是最好的投资方式。

黄金投资的渠道主要有账面黄金交易、实物黄金、黄金饰品三种。黄金投资的获利渠道主要是低买高卖，低价位买进，高价位出售，从中赚取差价。

账面黄金交易主要指纸黄金。投资者所持有的是一张物权凭证而不是实物黄金，投资者凭这张凭证可随时提取或支配黄金实物。纸黄金的投资成本相对较低，同时避免了一直持有黄金的风险，且投资者入门较容易，适合做中短线的操作。纸黄金在一般的商业银行都有专门的投资渠道，甚至可以做定投，对于中长线的投资者来说，纸黄金是最佳的投资渠道。

实物黄金比较稳当一些，就是用货币直接买入实物黄金，如买入金条或金币，它比纸黄金更保值一些。金币又有纯金币和纪念金币两种。纯金币一般带有面值，且金币的大小和重量并不统一，投资者可以根据自己的购买力选择，变现也容易。纪念金币具有相应的纪念意义，因其稀缺度、铸造年代、工艺造型和金币品相的差异造成价格的差异。金条也分为投资型金条和纪念型金条两类。投资型金条是在普通金条基础上浇铸出自己的品牌，价格升水不多。而纪念型金条则具有某一重大意义，往往限量发行，有一定的收藏价值，价格升水较高。如果单纯投资，为了在金价上涨时抛出获利，建议选择投资型金条。如果想长期收藏，则可以选择纪念型金条。

而黄金饰品因其美学价值较高，则侧重于实用价值。从长期来看，在除去饰品这个消费功能后，黄金饰品本身自带的贵金属属性就会显现出来，从而使其具有了投资功能。黄金饰品投资主要用于长期投资或资产的保值。对于女性投资者来说，选择黄金饰品，平时可以作为饰品佩戴，而在必要时又可以变现获得其保值增值功能。在投资过程中，应该选取哪种投资渠道就需要投资者根据自己的实际情况进行分析。

如果是偏向收藏性的投资者，就要选择实物黄金中的纪念性金条或者金币，这样可以在黄金的投资功能之外，获得一定的收藏价值，在收藏品市场上获得投资收益。但是对于普通的投资者来说，还是应该选择投资金条（金币）或者说纯金条（金币），因为这种投资的实用性更高，能够更好地进行变现。就金条和金币来说，金币的纯度没有金条高，价值一般也没有金条高。所以对于普通的投资者来说，选择纯金条是一个最佳的投资渠道。

刘建国爱好收藏古董。由于收藏古董所需资金多，所以他的真正藏品并没有多少，但是他仍一如既往地每周前往古玩市场进行淘宝。2008年奥运会前期，各大黄金公司甚至官方权威机构都推出了自己的奥运纪念金条和金币。这种金条金质较纯，基本上能够达到千足金甚至万足金，而且这种金条的外观十分精美，上面刻有奥运的会徽等，具有较高的收藏价值。于是在别人的建议下，刘建国果断地投资了这种纪念性金条，在获得较高的投资价值的同时还取得了良好的收藏价值，平时放到家中摆放也十分美观。

2009年，全球金融危机爆发，股市一片惨绿。在这种情况下，刘建国购买的这种纪念性金条的价格却直线飙升，这得益于金融危机下投资都转向了收藏品市场和黄金市场，造成了收藏品市场和黄金市场的火爆。这时，刘建国果断地卖出了手中的奥运纪念金条，获得了不菲的收入。

刘建国因为自己平时就喜爱收藏,所以在选择黄金投资时,果断地选择了具有收藏价值的奥运纪念金条,在获得自己所钟爱的收藏价值的同时也获得了不错的投资收益。这完全得益于他选择了最适合自己的投资方式。普通的投资者在投资过程中也要正确地选择合适的投资渠道,以使自己获得最大的投资价值。

收藏投资重在规划

有规划的事情进行起来才有条理有步骤,才能明确地达到目标。很多人被收藏所吸引就是源于藏品带给人名和利。但收藏品投资也并不是只赚不赔,一样存在风险,要规避风险就要进行合理的投资规划。

1.要确定收藏方向

收藏是一门深奥的学问,成功的收藏者就是因为他们具备了一定的专业知识。所谓"专"就是指专一,对于初涉收藏的人来说,藏什么是个很头痛的问题。在收藏界有那么多的藏品,还有那么多名气大的收藏家,他们的收藏也只是在一方面——要么瓷器,要么书画,绝不会什么都收藏。所以确定收藏方向是初涉收藏的人必须做的。当具备一定的专业知识后,可在专家的指点下进行收藏。而且初涉收藏的人往往财力有限,也决定了不能见什么收什么。

2. 收藏就是中长期投资

有时候收藏卖的就是一件藏品的时间段,时间越久数量越少其价值越高。而短期的投资就做不到这一点,只能算作是一种投机行为。要想真正体现出艺术品的价值就要做长期投资或中期投资,这样就可以尽量降低风险又能使收益最大化。

3. 收藏要学会以藏养藏

在收藏界,著名大收藏家张宗宪先生,从起家的24美元,到拥有亿元藏品。张先生在接受媒体采访时曾说,"如果不会买卖,也不能造就我今天拥有亿元的丰富藏品"。可见,在收藏中学会买卖是十分重要的一环。在收藏过程中学会买卖,不仅可以使资金周转加快,还可以通过市场来检验收藏品的流通性。在收藏市场上,有的投资者平时过着节衣缩食的生活,收藏过程中只买不卖,虽然拥有一些自以为丰厚的藏品,最终却可能因为藏品的流通性差而遭受损失。

4. 收藏要有超前意识

20世纪70~80年代的古玩市场上赝品还不是很多,而且当时的真品价格也比较低,林散之、黄宾虹、张大千的书画每幅才卖50多元,但在当时很多人认为买那个东西有什么用啊,还不如听个戏或聚集三五好友到茶馆喝口茶。而到现在这些书画的价值早已经高达几十万元甚至几百万元了，再想买可没那么容易了。

所以说，做一名收藏投资者就要具备前瞻性眼光。在收藏品还没有火起来的时候就得看见它的发展前景，也就是对未来市场趋势的把握。

5.收藏要量力而行

收藏品投资的风险也是比较大的，要求投资者要有较多的闲钱，不要将日常开销的钱也用于收藏投资。如果举债投资，又找不到很好的变现渠道，在经济上就会有很大压力。生活都得不到保证，收藏投资就失去了意义。

收藏投资作为一种高雅的理财，其名利双收的特性更是吸引了无数人投身于此，其中不乏投机者。然而，世界上没有免费的午餐，高收益带来高风险，面对各类投资品种，投资者应具有良好的规划能力。

第十章
赚钱的同时，也要小心陷阱

投资有风险，不投资同样有风险

相信大部分人都听说过这样一句话："投资有风险，入市需谨慎。"很多人在听过这话之后，对投资更是表现出抵抗态度，以为只要远离了投资，自己就能躲避风险。抱有这种想法的人，只是看到眼前的利益，而缺乏长远和深刻的眼光。在目前的社会形势下，投资确实有风险，但是不投资的话面对的将是更大的风险。

随着个人财富的积累，奢侈品越来越成为人们的消费及投资热点。然而并不是任何奢侈品都具有投资价值，有的奢侈品购买来后就不能升值，比如属于消费品类型的普通包款、衣服、皮鞋、腰带等，会随着使用时间的增长而老化，即使不用也不会升值，只能贬值。那么不投资是不是就没有风险了呢？答案显然是否定的。

一些人为了躲避风险，对投资抱着抵制态度，不做任何投资，天真地以为只要自己不进行投资，市场再大的变动也与自己无关。事实上，每个人都是社会经济生活的一部分，无论如何也不可能避免地受到市场的影响。当股市上涨的时候，不投资的人没有享受到收益，反而无形中受损；当股市崩盘时，不投资的人照样躲不过，会受到间接的冲击。

不投资其实也存在风险，同样的钱在3年前的购买力和现在的购买力是完全不一样的。投资是让钱变得更多的过程中，同时又分担了风险，所以说不投资同样也存在风险。哪个才是我们更能承受的呢？

我们可以看到，自己身边很多人通过投资赚到钱，然后开始买房、买车、送子女出国读书，生活水平较以前得到了大幅度提高，一家人其乐融融。而那些安于现状的人却背负着越来越多的生活压力，生活水平不断下降，有的甚至出现仇富的心理。他们总是希望见到市场大跌，跌得越惨越好，甚至希望大崩盘。这样的心理已经从"吃不到的葡萄就是酸的"变成"只有酸葡萄才是好的"，但这不过是一种自我欺骗和逃避。一旦市场出现了严重的危机，任何人都不可能置身事外。

把家里的收入理智地进行投资，这种活动是可控风险的活动。问题的关键是，要正确地综合运用避险工具和风险投资工具的能力，在私人理财中很好地避免风险。投资人要有一个理智的资产分配头脑和长期投资的理念。应对当前的投资市场，需要赚钱、存钱、钱生钱，更要做好合理的投资组合，使投资多样化，有效避免因为投资市场波动而带来的风险，达到保护资产的目的。

诚然，投资的风险是存在的，谁都不能保证投资一定会带来财富，但是如果我们不投资，就完全没有致富的机会，既然这样，那何不一试呢？

能不能看住篮子才是关键

在如今的市场经济体制下，能赚钱已不再是什么值得炫耀的了。会合理利用自己的所得，使其继续升值才堪称无与伦比。因此，越来越多的普通人加入到投资理财的行列中来，期望以此使自己辛苦赚来的工资能够保值增值。而对于每一个进行投资理财的人来说，都要面对这样的问题：到底是把鸡蛋放在一个篮子里好，还是多个篮子里好呢？

诺贝尔经济学奖获得者、美国著名的经济学家马克维茨认为，鸡蛋必须放在不同的篮子里，这样可以避免资产在面临不测风云时满盘皆输。据说这个理论的原型是来自下面的一个故事。

一个农妇在一个早晨，提了满满的一篮子鸡蛋到集市上去卖。在途中她不小心摔了一跤，把篮子里的鸡蛋全都摔破了。看着自己仅有的一点鸡蛋全都摔碎之后，这位农家妇人感到很伤心，就号啕大哭起来。在这个时候，正好有一位智者经过，就对她说："你不应该把鸡蛋放在同一个篮子里。如果放在几个篮子里，你这篮鸡蛋打碎了，还有另外几篮吗！"

乍一看，感觉这个智者说得挺对，但是仔细想想，如果农妇把鸡蛋放在两个篮子里拿到集市上卖的话，当她摔倒的时候，想必这两个篮子都会一起翻了吧，这个时候，把鸡蛋放在多少个篮子里都没用的。要想保住鸡蛋，最好的办法就是看好篮子，别让它翻了。对于投资理财，也是同样的道理，不在于投资一个产品还是多个产品，而在于能不能看住自己的投资。

大家都知道，巴菲特被誉为股神，也被推崇为价值投资的代表人，不过在股票投资方面巴菲特并非把所有股票都长期持有。很多股票他也是买了又卖，卖了又买，只有极少数股票才会长期持有。可以说，除了可口可乐、宝洁、富国银行、美国通用、强生外，其他很多股票巴菲特都只是阶段性持有，而非长期持有。为什么巴菲特对可口可乐这些质优的股票就长期持有，而其他的股票仅仅是阶段性持有呢？这是因为巴菲特想要看住自己的篮子。巴菲特会长时间地翻看和跟踪投资对象的财务报表和有关资料，而对于一些复杂的难以弄明白的公司他总是避而远之，因为他不能确定自己能否看住这些篮子，所以，他只挑那些自己透彻了解所有细节的公司投资。我们在投资的时候，到底把资产放在一个篮子里，还是把资产放在多个篮子里，这都不重要，因为不管怎么做我们的资产都会有风险，只有看住了我们的篮子，才能够保住自己的资产。

不过，对于普通理财者来说，可能不太适合把所有的鸡蛋放在同一个篮子里，因为缺乏经验，对股市的了解显然认识不足，如果冒冒失失地买一只股票，没有足够的市场调研和充分的把握，可能很快就会被市场吞没。所以，最好把鸡蛋放在多个篮子里，因为这时资产配置很可能会成为我们的护身符，加上我们能够看住自己的篮子，资产就可以安然无恙了。

投资陷阱密布，需谨慎对待

投资是通往财富之城的必由之路，然而许多人只看到了投资路上闪闪发光的金砖，却忽略了脚下重重密布的陷阱。

退休后，李先生在报纸上看到一家中介公司的招聘信息，50岁至70岁都在招聘范围内，就过去应聘，结果还真被录用了。

上班后，前三天公司对他进行培训。培训期间，早上有早会，晚上有晚会，同事之间互相激励，反复灌输，和传销组织的活动方式很相似。培训的内容主要是讲解股票、投资、推销等方面的知识，最后一天是宣传某个公司有多好，马上要上市，是绝佳的投资机会，鼓动大家购买。

当时李先生觉得公司说的是真的，又有上市承诺书、股份回购承诺书，即使不上市也不会有损失；股权转让过程还有产权交易部门把关，他认为很可靠。最后他买了2万股原始股，将近10万元。之后，他开始向亲戚朋友推销原始股。公司规定员工每推销1万股，提成2000元。他没有发展到客户，有些人发展了一些客户，推销了不少原始股。后来发现是个骗局，不仅自己受损失了，还害了亲朋好友。

在实际投资中，我们会遇到这样那样的陷阱，一旦不小心落入其中，资金打了水漂不说，甚至弄得倾家荡产。为了不使投资落入陷阱，每个投资者都要努力练就一双投资的火眼金睛，绕过风险，获得财富。

随着投资活动日渐深入生活，各种投资陷阱也铺天盖地随之而来。投资者稍不留神，就可能陷入投资陷阱。下面列出一些很容易让人上当受骗的投资项目，为大家提供一些借鉴。

第十章　赚钱的同时，也要小心陷阱

1. 原始股

众所周知，原始股被广大股民视为摇钱树。它的价值以资产净值计算，价格远远低于股市上流通的股票，一旦上市，股价一下飙升十几倍甚至几十倍。因为有如此大的利润空间，所以市面上也冒出来各种各样的原始股，大都把自己说得像投资者的印钞机，只要买了就能坐享天上掉馅饼。大家一定要小心这些原始股的陷阱，莫把"陷阱"当"馅饼"。

2. 基金

张翔是大连市的一名退休工人。2019年11月的一天，她听熟人介绍说网上有个基金相当不错，投8000元钱，每天返400元钱，回报率相当可观。第二天，张翔跟随介绍人到了一个"教授"家。当他们到的时候，房间里已经有很多人了。有人在电脑上给每一个交钱的投资人起一个网名，再设一个密码。如果交8000元，12小时以后就可以查到自己的回报率。张翔在那个房间里看见很多人都拿着成捆的钱，有收益的，也有新投入的。她心动了，当即到银行取了8000元钱。从别人口中，她还得知这是一个上市的大公司，这就如同一颗定心丸。张翔心想，这回可遇见好的投资项目了。回家后一觉醒来，张翔到农行办了一张卡，把新卡的卡号报到报单中心，报单中心是负责给这些投资人账户打钱的部门。再在银行一查，她的这张卡里果然存进了400元人民币。

2019年12月9日，报单中心的人再次联系张翔，并和她说，按照规定，如果她再投2.4万元人民币的话，80天能给她7.2万元。对于张翔来说，这真是一笔不少的收益。有了前一次的成功经验，这一次，张翔当天就毫不犹豫地从退休金里取了2.4万元给了公司。不仅这样，张翔还把这个她认为是难得的基金介绍给了好朋友和女儿。她的好朋友把房子卖掉全部投入，一共十几万，她女儿也投了7万多。

2019年12月14日这天，离张翔第二次投资该基金仅仅5天的时间，基金的网页突然打不开了。张翔如梦初醒，立即意识到自己被人骗了，她和女儿一共十多万元所谓的投资一夜之间血本无归。女儿背着丈夫把家里的钱拿出来投入这个所谓的基金，现在分文不剩，因为这件事情，夫妻二人也在2020年年初办了离婚。

基金曾以其出色的表现成为投资市场的宠儿，很多基民的投资之旅比起股民来显得一帆风顺而又非常滋润。人们对投资基金充满热情，伴随着基金投资热，一些非法的黑基金也应运而生。大家要擦亮眼睛，避免上当受骗。

3.收藏品

实录一：某市文物局有关负责人在进行文物大检查时透露，该市文物市场流通的所谓古董，有九成以上是赝品，赝品的比例全国最高。此外，一些文玩商店，甚至有些文物拍卖公司出售的所谓古董也有不少赝品。在所谓文物古董中，古瓷赝品占了相当比例，制假者的手法越来越高，有些高仿的赝品，甚至使一些专家走眼。在仿制的古旧家具中，一些造假者玩起了一鱼多吃的花招，将一件古旧家具的所有部件一一拆散，然后将其拼装到多件新家具上，让不懂行的买家难辨真假。

实录二：李某于2019年伙同同乡王某，在古玩市场以4000余元购买了方座簋盆、鸟兽纹鬲、鸟兽纹樽铜等10件仿真工艺品青铜器。随后，王某把某大学副教授刘某约到一宾馆内，李某以北京市文物局工作人员的身份向刘某介绍文物是花大价钱买来的，当刘某表示不放心时，李某便向刘某提出由两人各出一部分钱把文物买下，然后再找买主出售文物赚钱。李某与王某当着刘某面交了一部分钱，刘某见状深信不疑，先后向王某交了20万元买回10件仿真工艺品青铜器。之后，刘某找李某转卖文物时，发现李某已不见踪影。

古玩市场上售假、制假者的手法较之古人毫不逊色，古画、古籍、铜器、玉器、钱币、像章、邮票等领域的赝品随处可见。爱好收藏投资的人一定要慎重。

在投资的时候大家一定要睁大眼睛，识破各种投资花招，谨慎投资。

不要轻信稳赚不赔、包退款

不少理财者在理财的过程中都会偏向于稳健的投资产品，所以很多理财顾问也就根据这个特点，在推荐理财产品的时候总是会以"稳赚不赔""包退款"之类的条款来诱惑大家。那么，真的有稳赚不赔、包退款的理财产品吗？

据媒体报道，2019年，某地一中院及其辖区法院受理银行理财产品纠纷案件有80余件。该院金融庭表示，这些案件的纠纷主要是因为银行理财产品存在销售过程夸大收益、回避风险、推销产品不分对象等问题，而且起诉人绝大多数是客户个人，大多亏损严重。

为了推销产品，很多理财顾问在介绍或者推荐产品的时候会夸大投资回报，并且故意回避风险，营造一个假象：投资这款理财产品稳赚不赔，即使亏损，也能够保证本金，这就和包退款一样，这样，大家就可以放心大胆地投资这些产品。很多人由于缺乏理财知识，过于信任理财顾问，根本就没有仔细研究所投资产品的说明书,而大部分理财顾问是不会主动说明那些不利条件的。王志奇就遇到过这样的事情。

2017年10月,王志奇去银行柜台存钱,正好碰到一位在银行大堂推销理财产品的理财顾问,对方建议他将闲置资金购买理财产品,这样获利较高。王志奇有点心动,就咨询了理财产品的情况。

这位理财顾问在了解了王志奇的一些个人情况之后,给他推荐了一款理财产品。他说那款理财产品起存5万元,年收益率在4.38%~8.08%之间浮动。王志奇心动了,陆陆续续把自己积攒的17万元都购买了这款理财产品。

2019年9月份的时候,有一个有多年理财经验的同事跟王志奇聊起理财产品的事情,正好说到王志奇购买的那款理财产品。于是,王志奇问这位资深理财同事对这款理财产品的看法,能不能得到8.08%的收益。这位同事毫不迟疑地否定了,说:"不可能。这款理财产品是非保本浮动型收益理财产品,在产品协议上是明确写明收益不保、本金不保的,4.38%~8.08%的浮动利率只是预期收益率,并不能保证最后按照这个范围来获得收益,一切都得以市场行情为主。而且,这款理财产品主要是由投资公司打新股获利,但从2019年开始有七成的新股都破发，你想利率还能高吗？"王志奇想想也是，刚好最近需要用钱，正好把这笔钱取出来，免得亏更多。

周末一大早，王志奇就去银行找到相关的理财顾问终止委托理财协议，但是被告知理财产品到期前不能返还理财款项。他非常生气，就说当时的理财顾问并没有说理财产品不到期不能取钱。对方回复说，就这方面的事情当时王志奇也没有咨询理财顾问，而且产品说明上也说得清清楚楚。王志奇只好自认倒霉，只能一直等到产品到期。结果该理财产品只能以2.4%年利率计息，一年只有4000多元，远远低于同期定期存款利率。面对这样的理财结果，王志奇后悔不已。

从王志奇的经历可以看到，理财顾问在介绍理财产品的时候往往会避重就轻，不会提供全面的信息，他们只会挑一些能够吸引顾客的条款进行宣传，以有利条件诱惑人们购买，一旦亏损就把责任归结于购买者没有仔细阅读产品说明书。所以，不管面对的理财顾问是熟悉的还是陌生的，都要对自己的理财负责，认真看明白理财产品说明书，谨记任何投资都是有风险的。

看清投资的风险、收益、流动性

春节时,孙先生到一位朋友家做客,在交谈过程中,朋友向他谈及股票,大拍胸脯说:"1个月赚20%~30%绝对没问题。"

孙先生听了,十分动心。于是,他回家之后,就开始盘算:要是将买房的25万元投入股市,1个月赚20%,半年时间就可以买套很好的商品房了。抱着这样的想法,孙先生就在朋友的指点下,迫不及待地拿出了10万元资金进军股市,准备大赚一笔。

一个星期之后,孙先生果真净赚了23%。预期一个月赚20%的目标,竟然这么快就实现了,孙先生很高兴,于是,第二个星期,他把手里剩下的15万元全部投入股市。牛市的疯狂涨劲果然没有让孙先生失望,5月28日,他的股票市值已经突破50多万元。

正当孙先生兴高采烈的时候,市场出现了波动。50多万的数字只保持了两天,突然股市出现跌盘,到了5月30日收市的时候,他的账面就变成了37万元。接着连续几天出现了5个大跌,孙先生所持的股票连续跌停。到了6月7日,他的账面上只剩15万元!

看到这样的情况,孙先生几乎要晕过去。赔了将近一半的资金，孙先生很心疼，特别想把损失补回来，然而，虽然股市后来又出现了反弹，但是他的股票一直没怎么涨。结果到了第二年，他的账户上仅剩下9万元，买房计划也随之流产了。

作为一个投资者，应该了解投资品的三要素。投资品的三要素，包括风险、收益和流动性。投资的时候，面对投资对象，必须考虑这三点：收益如何？风险有多大？流动性有没有问题？

很明显，搞投资不能不考虑收益。大多数人参与投资，第一个想法就是获得丰厚的收益。没有收益的话，投资也就失去了意义。虽然有很多投资产品属于保值产品，但若没有一定的收益，以冲抵通胀带来的价值损失，也未必能够达到保值的目的。因此，在投资过程中，我们不可能不考虑收益问题。

然而，很多时候，由于过分追求收益，很多人罔顾投资风险，认为"高风险有高收益，只有冒险才能获得高报酬"，这样的投资思想和做法是不值得提倡的。

对于投资人而言，风险是首先要考虑的因素。而我们主张在投资过程中进行资产配置、整理投资组合，更多的目的也是避免高风险，获得稳定的收入。

理财专家建议投资人投资的时候，会根据投资人的投资属性或年龄，将资金依不同的比例分配到股市与债市。例如，年轻人不妨持有股票七成、债券三成，上了年纪的人就要改成股票三成、债券七成，这就是根据投资属性或年龄差异来进行资产配置的原则。

可以这么说，决定投资配置比例最重要的因素就是风险。虽然投资的回报率与投资风险是呈正向关系的，但是绝不能将投资的风险弃之不顾。没错，高回报率也意味着高风险。比如期货、权证等投资工具，都具有高回报的特点，同时它们也具有相当高的风险；股票与偏股型基金的风险也是偏高的，当然它们的回报率也很不错；而风险性最低的是债券、定存基金和储蓄类投资工具，当然这些工具的收益也不如前面那些投资工具。

如果只考虑投资的回报高低，而忽视了投资风险的评估及个人风险承受能力的评测，即使是牛市也有巨大的风险，当风险成为现实，发生下跌的时候，大多数人是无法承受的。

在投资过程中，盲目地追求高回报、高收益，忽视风险，很容易遭受重大损失。即便是牛市，也不是没有风险。有的投资者被胜利冲昏了头脑，忘记了风险的存在，盲目冒进，以至于对操作把握不到位，最终赔得一塌糊涂，殊为可惜。

虽然投资者要进行积极投资，但是并非可以乱投资，尤其是一些上有高堂、下有妻儿的上班族，更需要稳健投资。

除了收益与风险之外，在资产配置与投资组合中，也必须考虑资金的流动性。虽说手上的资金不能闲置，但也不能全部投出去，生活中难免会遇到一些突发状况，还必须有一笔应急资金作为调度，甚至有时候还需要将投资资金调出来应急，因此，在资产配置中，应该考虑到投资资金的流动性。

根据资金需要，你可以选择不同期限的产品。一部分可以长期持有，而另外的一部分则可作为短期投资，期限越短越好，最好比货币基金回款快，目前各银行推出的超短期理财产品有1天、3天和7天的，都是不错的流动性选择。有的银行还推出了"周末理财"产品，理财期3天，周四发售、周五下午3点半销售结束，当天起息，下周一到期，这是专为股民量身定做的流动性投资品，既可以避免资金闲置，还能保证资金升值。

如何识破理财顾问的小伎俩

当我们走进一家银行或者一家金融服务公司，表示自己想要投资理财，而表现又显得是一名新手的时候，我们马上可以感受到那些理财顾问抛来的"糖衣炮弹"。这个时候，如果我们没有识破那些理财顾问的"糖衣炮弹"，就有可能"中弹"，乖乖地把自己的钱掏出来投资到那些理财顾问推荐的理财产品中。

要知道，理财顾问就是以替别人投资理财出谋划策为职业的，他们的酬金通常是根据所投入资金总额的百分比计算的。因此，投资他们所推荐理财产品的资金越高，他们的收入也就越高。所以，为了自己的收入，他们总是想方设法地说服投资者多投资一点资金，而对于投资结果他们是不能保证的。所以，为了保护自己的资金安全，应该学会识别那些理财顾问的"糖衣炮弹"。那么，他们的"糖衣炮弹"都有哪些？都有哪些小伎俩呢？

1. 使用一夜暴富的故事利诱

一夜暴富，谁不希望自己在一夜之间就变成富人呢？特别是工作特别辛苦的时候，我们会希望自己能够有一个好的运气，一下子发大财，就不用再干累死人的工作。正是因为清楚我们这些心理，那些理财顾问在介绍投资产品的时候，就会讲一夜暴富的故事来诱惑我们，让我们产生赌一把的想法，从而达到他们的目的。

2. 强调"零风险高收益"

"零风险高收益"这句话听起来很可笑，但它迎合了很多人快速发财致富的心理。理财顾问正是为迎合这部分人的需求，制造出所谓"零风险高收益"的投资理财项目。为了增加这些项目的可信度,他们有时候甚至会在项目中引入第三方担保,从而让投资者彻底放心,而担保人表面上是某某担保公司,实际上就是他们内部的人。

3.先给点甜头

理财顾问们利用我们总想赚快钱的心理,在非常短的时间里让我们获得所谓的收益,从而消除我们的疑虑,增强我们的信心,诱使我们敢于倾囊而出。

4.披上公办的外衣

理财顾问们在介绍投资理财产品的时候,会尽量地把项目跟"国家""公办"挂上钩,从而增加我们对投资项目的信任度。

5.虚张声势

理财顾问们大都会对投资产品的公司进行过度包装,经常以"大公司""集团公司"的面目出现,号称注册资本数千万或上亿,业务涉及多种产业。因为我们无法查到这些公司的内幕消息,所以他们就会虚张声势,骗取我们的信任。

6.创新项目或海外项目

创新项目意味着我们无从调查和比较,难以获得充分的信息。海外项目也是一样,普通投资者根本无从查询。

总之,理财顾问总是想方设法争取我们对他们本身、对投资理财产品的信任。一旦我们认同了他们的说法，那么，我们都会听从他们的指挥了。所以，在面对理财顾问的时候，一定要警惕他们的甜言蜜语，保持理性，做出适合自己投资理财的决策。

切忌到处撒网，胡乱投资

还有一类投资人坚信："捡到篮子里的都是好菜！"而我们经常见到一种贪心的投资客，他们会把投资标的列出来，数十档不同性质的股票琳琅满目，他的逻辑通常也是只要有一档赚到就够了，但是事实上一个人哪里有能力、时间跟精力了解每一档股票当中的学问呢？

就算是分析师也不可能也没有必要精通每一档股票，何况资金有限的散户。所以说只要缩小范围，学习专注，不论股票还是其他金融商品，就算是自己居住地的小生意、房地产，只要你能够找出最适合自己的致富方式，也同样可以成功！

就以股神巴菲特为例，他因为看空美元，结果使得自己亏损不少，惨遭市场的取笑，但是他却不以为然。可见投资大师同样会看错时机，一般人又如何不犯错呢？但重点就是在于"专注"二字。巴菲特就是坚持不碰科技类股，就算是指数不断飙高，他也仍旧不为所动。投资工具虽然有很多，但只要按照自己的个性去走,同时在投资中不断修正自己的步伐,保持居安思危,无论你相信的是什么,只要你拥有自己的一套哲学,并且严格地坚持下去,你就会获得成功。

"追求金钱游戏的人,获利不一定好。"不管做什么样的投资,都必须要了解标的物的属性,在哪种情形下会造成盈亏。以购买基金而言,建议基民尽量观察该基金一年以上的绩效表现,至于那些新推出的产品,更不可忘记与同类型基金相互比较风险回报率作为进场的参考。

工薪族降低风险的方法

在投资的过程中,隐含着众多的风险因素,而工薪族原本可以用来投资生财的钱就不多,因而不能不顾风险孤注一掷,求取一夜暴富,这样做的话,90%都是以失败收场的。古代作战的人常说"兵马未动粮草先行",让军队无后顾之忧之后才出动,工薪族做投资时一定要降低自己的投资风险,尽量保证微薄的本金安全。那么,应该如何降低投资风险呢?

1. 弄清楚自己的风险承受度

不同的风险承受度所能适应的投资项目也不同,如果我们盲目投资而引发自己难以承受的亏损,就会给生活带来一些不可逆转的遗憾。在投资之前弄清楚自己的风险承受度是最好的降低风险的方法。所以，在开始投资之前，一定要评估出自己可承受风险的程度。

2.定期定额投资

定期定额的投资方法并不是只适合基金投资，可以根据每个月领工资这个特点，拿出一定比例的工资来分批买入，它可以作为零存整取的升级替代方式，在积攒财富的同时进行投资，既达到平均投资成本分散风险的目的，又能摆脱做选择的烦恼。

吕玲是个不折不扣的彩民，每周定期花100元购买彩票。她认为，用100元的小钱去投资，就有收获500万的可能，实在是很值。她从第一次购买彩票至今已经坚持5年多了。在她的眼中，只要能够坚持，肯定有中大奖的那一天。但是5年过去了，她获得的最大奖金额仅为1000元，中奖的次数也只有可怜的3次。

如果细细地算一笔账，就知道这个习惯吞噬掉了她多少钱：一年总共有52个星期，按照每星期投资彩票100元计算，5年，总共在彩票上花费的金额是2.6万元。再减掉她3次总共的中奖额3000元整，彩票投资总共吞掉吕玲2.3万元整。

如果吕玲把每月用于投资彩票的钱拿来投资基金，假使是购买年收益率在5%左右的基金，如果采用定期定额固定投资法，然后再将每年的分红转为再投资，这样，5年来她可获得的投资本金及收益总共为3万元；若按10%的复利计算，5年的本息和就更高了，如果能坚持10年收益则可能突破8万元。

3.坚持长线投资

不管干什么工作，忙起来根本就没有时间关注社会上各种各样的信息，所以，如果选择短线投资的话，就会在无形之中加大风险，因为我们在忙碌中可能会错失一些最重要的信息，而且匆忙之间的决策可能会选择失误。而长期持有是一个非常简单的方法，不需花费太多时间与精力，最终还是会获利。所以，这种方式可以说是最适合工薪一族的投资方式。

4.购买必要的保险

如果"裸身"上阵，即使投资非常顺利，赚到的钱只要一次意外事件或者是一次大病手术就有可能花光。所以，不要光顾着生钱，也要想办法护钱，在我们采用各种各样的生钱措施时，应把必要的保险购买齐全，让自己无后顾之忧。如果有损失发生，还有保险金保护自己。

第十一章
人在钱在,给未来生活一份保障

越是没钱,越要尽早买保险

以前"天有不测风云,人有旦夕祸福"的保险广告标语随处可见,这样的广告语让很多人以为保险就是保平安。其实,保险并不能让我们一生平安,它只是在资金上保障我们的损失减小而已。即使是这样的理解,很多人还是觉得保险就是有钱人的专利,其实,越是没钱,越要尽早买保险。

在生活中,谁也不太愿意考虑事故、疾病或者死亡的问题,然而人生在世难免会有风险。人不能永远交好运,能幸运一时,但谁也不能保证幸运一世。既然不知风险何时降临,除了担心外,更应该为自己做好准备,拥有充分保障。面对多变的人生,每个人都渴望安全和稳定的生活,但是,一次意外就可能使我们负债累累,一次事故可能会拖垮全家,因此,保险对所有的普通人显得更加重要。它使我们在最需要的时候,不必靠运气，不会有遗憾。

现代人有三大烦恼：一是活得太久，自己要钱用；二是走得太早，家人要钱用；三是中途波折，大家要钱用。虽然这是个玩笑，但是也有一定的道理。从保险的角度来看，每个人在人生的各个时期就必须为自己做好风险保障，让保险成为人生各阶段的安全屏障。

25岁的肖林是一位上海姑娘，又是家里的独生女，这样的背景一定会让人觉得她八成是个衣来伸手、饭来张口、生活无忧的人，但现实恰恰相反。肖林的父母很早就下岗了，母亲身体还不好，多年来靠父亲四处打点零工维持着艰难的生活。肖林在四年大学生活里一直坚持勤工俭学，直到去年毕业，靠优异的成绩过五关、斩六将进入一家外资企业工作，拿着优厚的薪水，一家人才终于松口气，父母终于可以不必再那么辛苦，准备安享晚年了。

工作后不久，肖林认识了一名寿险规划师。在规划师的建议下，她购买了20万元的意外伤害险。

正当肖林的父母为有这样一个好女儿欣慰的时候，不幸的事情发生了。某天肖林参加一个聚会之后，在回家的路上发生了车祸，伤势严重。这对肖林的父母不啻一个晴天霹雳！面对巨额的医疗费,肖林的父母一筹莫展。就在这个时候,规划师将肖林购买的保险赔偿金送到了肖林家。拿着这张20万元的支票,肖林的父母老泪纵横,女儿终于有救了。

拮据的父母面对女儿肖林的巨额医疗费一筹莫展,对大多数人来说,生活中遇到意外是难免的,常常有些意外毫无征兆不期而至,并因此而造成各种程度不等的经济损失。如果我们事先购买了适当的保险,那等于筑起了一道坚固的防线,有些不幸就只会成为一种经历,犹如大海中的一次退潮,不会影响生活质量。

俗话说:"晴带雨伞,饱带饥粮。"出发前做好准备工作,遇到任何事情都会从容不迫,保险正是人生中从容不迫的准备。人生是长途跋涉的旅行,既然注定会有坎坷和崎岖,何不给车加满油,准备好备用胎。人生不打无准备之仗,一个对自己和家人负责的人总是未雨绸缪,在出发前就做好准备。提前采取防御措施,正确面对风险,降低风险的伤害程度,这是每个现代人必须面对的课题。而保险,正是应对意外风险的有效工具,毕竟预防比治疗重要。

人生有太多的等待,但有些事是不能等的,比如保险,因为我们无法预知未来,不知道哪一天会发生意外。在买保险的时候觉得多余，当意外发生时，又会后悔买得太迟，买得太少。与其将来后悔，不如现在立即行动，为自己的幸福人生加一道保险。

商业保险是社会保险的必要补充

以"是否以营利为目标"作为划分标准，保险可分为商业保险和社会保险两类。社会保险是指在既定的社会政策下，由国家通过立法手段对全体社会公民强制征缴保险费，形成保险基金，用以对其中因年老、疾病、生育、伤残和失业而丧失劳动能力或失去工作机会的成员提供基本生活保障的一种社会保障制度。社会保险不以盈利为目标，运行中若出现赤字，国家财政将给予支持。商业保险指保险公司所经营的各类保险业务。商业保险以营利为目标，进行独立经济核算。

对于我们来说，社会保险并不陌生，但是，我们不能仅仅依靠社会保险，如果想要全面地保障自己的生活，必要的商业保险还是需要参加的。就拿医疗保险来说。社会保险并不能彻底解决我们的医疗费用，有时候对于重大疾病，社会保险的作用十分小，犹如杯水车薪。而此时商业保险中的医疗保险就会体现出它的优势，能为我们无法承担的医疗费用提供有力的补充。

第十一章 人在钱在,给未来生活一份保障

程先生是一位在北京工作的优秀人士。他可谓是中年人的典型代表,上有父母,下有子女。为了能让家人生活得更安心、更安全,他为全家都买了保险,主要有医疗险、意外险和孩子的成长教育基金保险。刚开始,亲戚都认为他买了这些没什么必要,可是却没想到后来真派上了大用场。

一天,母亲出去晨练,不小心摔了一跤,结果造成了右手骨折,全家人急忙将她送到医院,幸好诊治及时,才没有给老人带来太大伤害。而程先生在交医疗费的时候,发现自己根本没花多少钱。因为母亲除了社会保险外,还有他给买的商业保险,前后报销了2000多元,大大减轻了程先生的经济压力。这时,亲戚们才发现,原来程先生的选择是明智的。多一份保险,实际上就是多了一份保障。从此,再也没有人会拿保险的事情取笑程先生,相反,大家从此戏称他们一家子为"保险一家人"。

程先生的母亲虽然有社保,但程先生还是给她买了商业保险,所以,当母亲摔伤的时候,程先生并没有花太多的钱,除了社保报销的之外,还有商业保险,让程先生减少了不少经济上的压力。从中我们能够更深刻体会到商业保险是社会保险的必要补充了。

搞定三种保单，终生没烦恼

说起保险，经常会有人说："好好的，买什么保险！即使生病了，我不是每月都有工资吗？几年下来存的钱也够应付'飞来横祸'了，所以我根本用不着买保险！"事实是这样吗？工作了5年，努力攒下了50万元，可是我们能保证这50万元能够支付自己或者家人的突发疾病吗？能保证这50万元让自己应对事业上的进退维谷吗？……退一万步来讲，即使利用这50万元能够应对一切难料之事，然而，当这50万元花完之后，我们还拿什么来养活自己和家人，保证生活品质的一如既往呢？

实际上，世界上只有一种人可以不用买保险，就是一生之中永远有体力、有精力赚钱，同时不生病、不失业的人。当然，还得家里人都不生病，房子不会遭水、遭贼，不开车，或是车不会被剐蹭、被盗抢，等等。如果不是这样的人，最好还是加入保险投资的大军中去！因为保险是我们人生的"防弹衣"，有了它人生才有可能不被外来的灾难所击垮。

现在的保险市场已经非常成熟，我们可以找到各种各样的保险，这些保险适合各种状况的人和人生各个周期的生活需要，可以说，只要是我们能够想得到的保险，市场都能为我们提供。但是，我们不可能把所有的保险都买下来，即使有这个心，也没有这个实力。其实，只要搞定三种保单，我们就可以终身没有烦恼。

1.意外险是第一个要搞定的保单

所谓天有不测风云，谁都预测不到自己下一秒会不会安全，毕竟意外事件时有发生，也保不定自己能够平安一辈子。新闻有时报道哪里又出了重大交通事故，死多少人伤多少人。如果在这些死伤的人中，刚好有某个家庭的经济支柱，遇上这样的事，他们的伤亡对家人不仅仅是精神上的伤痛，经济上也会大受打击。但是，如果事前购买了意外险，至少经济上会得到一些补偿。

在投保意外险的时候，一定要把一些非因疾病引发的外来事故，小至擦伤、扭伤看中医，大至伤残身故理赔的因素考虑进去，这样才能得到更加全面的保障。此外，在办理意外保险的时候，不要总是盯着最高的理赔金额，因为这份意外保险也许只保那些特定事故发生的情况。这当然对受益人是一份保障，但如果发生意外没有出现死伤，这样的保险可能就会拒绝理赔了。

2.医疗险是第二个要搞定的保单

现在社会的医疗成本越来越高，包括住院的床位费、药费、护理费、治疗费等。可以说，一场大病就可以耗尽我们所有的辛苦积蓄，即使一年能够赚到10万元，也禁不住一场大病所需要的消耗。

虽然工作单位都会为我们上医疗保险，但是，如果来了一场大病，这样的医疗保险是不足以支付高昂的医疗费用的。所以，为了能够保证我们能够及时得到治疗，就有必要投保一些商业医疗保险。

医疗保险在有收入的时候就要未雨绸缪，规划完善的医疗保障，才不至于让自己或家人因为疾病需要医疗费用而拖垮整个家庭。

3.寿险是第三个要搞定的保单

寿险是一种以人的生死为保险对象的保险，是被保险人在保险责任期内生存或死亡，由保险人根据契约规定给付保险金的一种保险。一般分定期与终身寿险两种：定期寿险保费低，但有一定的期限；终身寿险保费较贵，通常只要缴费20年就能保障终身。如果你正好是家里的经济支柱的话，寿险是必须购置的一个险种。

只要搞定以上三种保单，即使生活中出现了一些意料不到的不幸，因为有了它们的保驾护航，家庭的经济也不至于受到严重的打击，对家庭生活也是一种保护。

用保险存小孩的教育金

有人粗略算了一下,养一个小孩,供他们上完学,需要30万元。对于这个数据,很多人都直呼:"不够!不够!根本不够!"对于这么庞大的教育资金,我们都得预先准备好,否则,到孩子上学急需要钱的时候,我们就会变得手足无措。

很多家庭的生活并不是特别艰难,但是,由于没有提前准备孩子的教育资金,随着孩子的慢慢长大,花销越来越多,给他们的家庭带来了一定的经济负担,一旦有什么大额支出,他们就只能东奔西跑地去借钱,生活过得很狼狈。如果不想面临那样的生活,就要提前为自己的孩子准备好教育金。那么,该如何为孩子准备教育金呢?

很多人都是通过在银行里办理教育储蓄这种途径来准备孩子的教育金的。中国人民银行多年的调查显示,城乡居民储蓄的目的,子女教育费用占比排在首位,位列养老和住房之前。现在如果仅靠攒钱这一种方式为孩子积累教育经费无疑是不够的。年轻的我们要采用多种方式为孩子积累教育基金。我们也可以用保险来存小孩的教育金。

现在有两种保单能用来存孩子的教育基金,它们分别是还本型寿险与变额万能寿险。如果孩子现在还小,就可以选择还本型寿险来为子女准备教育金，因为它不但保费便宜，而且还本期限较长，可领回的金额更多，这笔保险给付可作为定期的教育费用。

这类保险比较适合我们用来存储小孩的教育金的。而且，它还兼顾了孩子的医疗保险，相对来说，更加全面。不过，在选择用保险为孩子存储教育金的时候，特别是在办理保险的时候，一定要注重保单的保本问题。

随着物价的上涨，孩子上学的学费也年年上涨，如果运用保险来存教育基金的话，一定要以保本为最重要的指标，配以适当的风险。可以根据自己的理财属性作最适合的资产配置组合。具体来说，可以以近些年学校学费的上涨率为我们理财的最低目标。但保本稳健获利为要点，风险不能太高。

给孩子用保险存教育金的时候，要善于运用豁免保险费的附约来保障孩子的教育金。一般来说，运用保单为子女筹措教育金需要一个很长的周期，如果在这个周期之中，父母发生了意外，交不出保费，子女的教育金还是问题。因此，最好加保豁免保险费附约，如果真的发生意外，就可以免缴保费而保单依然有效。